KB074635

우리는 모두 불멸할 수 있는 존재입니다

Gespräche mit Wissenschaftlern über das Rätsel Mensch

Wir könnten unsterblich sein

세계 최고의 과학자 11인이 들려주는 나의 삶과 인간 존재의 수수께끼

우리는 모두 불멸할 수 있는 존재입니다

슈테판 클라인 지음
전대호 옮김

청어람미디어

* 일러두기

1. 이 책에서는 의학, 생물학 문헌에서 일반적으로 사용되는 표현법에 맞춰 환자, 유기체, 사례 등을 나타내는 말 뒤에 조사 '에서'를 붙였습니다.
2. 이 책에서는 지명, 인명, 작품명 등 고유명사는 알파벳 첫 글자를 대문자로, 나머지는 소문자로 구분하였습니다.

우리는 '우리는 누구일까?'라고 묻는 이상한 존재입니다

고대 그리스인은 '너 자신을 알라!'라는 문구를 왜 준엄한 신전에 새겼을까? 어쩌면 이 요구가 인간으로서는 감당하기 어려울 만큼 벅차기 때문일 것이다. 우리는 누구일까? 저자 슈테판 클라인은 이 질문에 대한 최신의 대답들을 모아 이 책을 엮었다지만, 마치 눈발처럼 흩날리는 그 대답들을 따라가다 보면, 결국 우리의 본질은 이 질문을 던진다는 점이라는 생각에 절로 이른다. 우리는 '우리는 누구일까?'라고 묻는 존재다. 게다가 이 물음이 우리에게 버겁다면, 우리는 감당하기 벅찬 과제를 한사코 짊어지는 이상한 존재다.

이 책을 쓴 클라인의 큰 장점은 다양한 관점에 대한 존중과 갈등의 노출을 꺼리지 않는 대범함이다. 그의 인터뷰는 깔끔한 결론으로 마무리되지 않는다. 전작인 『우리는 모두 별이 남긴 먼지입니다』에서도 그랬지만, 이 책에서는 더 심해서 일부 인터뷰는 느닷없이 끝난다는 느낌마저 든다. 인간을 논한다는 것이 지극히 어려운 일이라는 점이 첫째 이유겠지만, 짐작하건대 또 하나의 이유는 결론을 열어놓으려는 저자의 의도에 있는 것으로 보인다.

예컨대 리처드 도킨스, 피터 싱어와 나눈 대화에는 명시적으로 "논쟁"이라는 제목이 붙어있다. 유전자 중심의 인간 이해를 옹호하는 대표적인 과학자 도킨스, 오로지 효용을 기준으로 선악을 판정하는 철저한 공리주의자 싱어를 상대로 저자는 팔을 걷어붙이고 싸운다. 그러나 결판은 끝내 나지 않는다. 중요한 것은 누가 이기냐가 아니라 우리 안에 어떤 수수께끼가 있느냐다. "논쟁"으로 명시되지 않은 다른 인터뷰들도 꼼꼼히 살펴보면 별반 다르지 않다. 때때로 클라인의 질문이 상대의 여린 속살을 파고들어 그가 옹호하는 견해의 불완전성을 스스로 인정하게 만들 때, 눈 밝은 독자는 '우리는 누구일까?'라는 질문이 다시 어둑한 그림자를 드리우는 광경을 볼 것이다.

애당초 캐스팅에서부터 저자의 의도가 읽힌다. 자연과학자뿐 아니라 심리학자, 사회학자, 심지어 철학자까지 대화 상대로 한 자리를 차지한다. 인간을 논하려면 마땅히 그래야 한다며 고개를 끄덕이는 독자도 있겠지만, 고개를 갸웃거리거나 가로젓는 독자도 꽤 있을 것이다. 나는 인간을 보는 관점의 다양성이 그 어떤 단편적 지식보다도 소중하다고 믿기에 클라인의 캐스팅에 고마움마저 느끼지만, 진화생물학과 뇌 과학이 인간에 대한 논의를 주도하는 최근의 추세를 근본적인 판 갈이로까지 추켜세우며 환영하는 사람들의 긍정적인 기여를 부정할 생각은 없다. 금기를 깨는 것, 실질적인 성과를 내놓는 것은 좋은 일이다. 다만, '진화'와 '뇌'를 주문처럼 읊기만 하면 '너 자신을 알라!'라는 인간 본연의 과제가 면제되거나 심지어 해결된다고 믿는 사람들이 혹시 있다면, 그들에게 이 책을 권하고 싶다. '너 자신을 알라!'를 자그마치 신전에 새겨야 했던 이유를 짐작하게 해주는 책이다.

슈테판 클라인과 대화 상대들은 인간의 다양한 측면을 다양한 관점에서 거론하지만, 전체에 일관성이 없는 것은 결코 아니다. 저자가 서문에서 밝히듯이, '진화'라는 열쇳말이 기본 틀의 구실을 한다. 책에 등장하는 인물들이 보는 인간은 '진화의 산물'이다. 그들은 우리의 행동, 특징, 문제를 우리가 겪은 진화 역사와 관련지어 설명하려 한다. 클라인의 입장도 마찬가지다. 그러나 '인간은 진화의 산물'이라는 한마디 선언이 인간에 대한 구체적인 설명을 대신할 수 없다는 점을 상기할 필요가 있다. 이 선언은 말하자면 패러다임이요, 작업가설에 가깝다.

진짜 과학은 패러다임에서 흥미로운 예측과 발견을 끌어내는 활동, 또는 패러다임을 의문시하면서 대안을 모색하는 활동이다. '진화'라는 패러다임의 대안을 모색하는 인물은 이 책에 딱히 등장하지 않는다. 그러나 클라인과 그의 대화 상대들은 똑같은 패러다임 아래에서도 얼마나 다양한 입장과 논쟁이 가능한지 보여준다. "베를린을 이해하려면 반드시 베를린의 역사를 알아야" 하며 "우리 몸도 마찬가지"라는 진화의학자 데틀레프 간텐의 말은 지당하다. 그런데 우리 몸의 특징과 우리의 역사가 늘 자명하게 연결되는 것은 아니다. 양자를 연결하는 설명이 필요하고, 이 책의 대화들에서 엿볼 수 있듯이 진짜 과학은 그런 설명을 둘러싼 논쟁에서 비로소 본격화한다.

책에 일관성을 부여하는 또 하나의 실마리는 '내면' 혹은 '주관'이라는 수수께끼다. 서문에서 저자는 "과학의 거대한 맹점"을 지적하고 이런 질문으로 요약한다. "엄밀한 과학으로 우리의 주관적 경험, 곧 내밀한 느낌에 접근할 수 있을까?" 이 질문은 객관과 주관 사이에 가로놓인 심연이라는 본격적인 철학적 문제를 건드린다. 클라인은 이 문제를 과학의 맹점으로 규정한다는 점에서, 나아가 이 맹점의 제거를 과학의 중대한 과제로 여긴다는 점에서 상당히 과감한 입장이다. 오랫동안 과학은 내면 세계의 존재 자체를 부정하거나 등한시했다. 오로지 객관적으로 측정할 수 있는 세계만 존재하거나 언급할 가치가 있다는 입장이었다. 반면에 철학은 순수한 내면 세계를 인간다움의 본질로 옹호하면서 과학으로는 그 세계에 접근할 수 없다고 선을 그었다. 한편에 객관 세계가 있고, 다른 한편에 주관 세계가 있는 것일까? 더 나아가 클라인이 바라는 대로 그 두 세계가 과학을 매개로 서로 소통할 수 있을까?

이 거대한 문제가 여러 대목에서 언뜻언뜻 모습을 드러낸다. 예컨대 클라인은 꿈 연구자 앨런 홉슨에게 날카롭게 묻는다. "렘수면은 측정 가능한 뇌 상태예요. 반면에 꿈은 지극히 개인적인 경험이에요. 자, 그런데 교수님은 이를테면 천사가 아니라 렘수면이 꿈을 일으킨다는 것을 대관절 어떻게 그리 확신할 수 있을까요?" 객관 세계의 렘수면과 주관 세계의 꿈을 연결하는 시도가 과연 정당하냐는 질문이다. 이에 과학자 홉슨은 "꿈의 아주 많은 특징을 뇌의 작동을 통해서 정확히 설명할 수" 있다면서 구체적인 연구 성과들을 제시한다. 철학적 문제제기에 과학적 성과 제시로 대응하는 것이다.

이런 식으로 과학과 철학이 대화하는 양상은 토마스 메칭거를 인터뷰할 때 더욱 두드러진다. 철학자인 동시에 신경과학자인 그의 말 중에서 가장 주목할 만한 것을 조금 길지만 그대로 인용하겠다.

"만약에 우리가 과학의 자연주의적 인간상을 내세워 우리의 내면적인 체험을 간단히 논박하려 든다면, 그건 전적으로 틀린 행동입니다. 물론 지금 나는 그럴 전망이 없다고 보지만, 우리의 자연과학적 언어는 우리가 우리 자신을 거론하자마자 제구실을 못 하게 될 수밖에 없음이 밝혀질 가능성도 충분히 있습니다. 주관적 사실들이 존재하고, 과학적 세계관에 허점이 있을까요? 만약에 있다면, 나는 철학자로서 매우 흡족할 겁니다. 다만, 나는 당사자만 알 수 있고 다른 누구도 알 수 없는 주관적 사실이라는 것이 과연 무엇인지 아주 정확하게 알고 싶어요."

메칭거는 주관을 부정하려 하는 과학자들과 과학이 인간을 거론하는 것을 원천적으로 봉쇄하려 하는 철학자들 사이에서 균형을 잡는다. 그에게 중요한 것은 '주관적 사실' 곧 내면 세계에 대한 정확한 이해다. 하지만 문제는 여전히 남는다. 그가 추구하는 것은 과학적 이해일까, 아니면 철학적 이해일까? 아마 양쪽 다라고 메칭거는 대답할 듯하다. 나는 클라인과 메칭거처럼 과학과 철학의 최전선에서 객관과 주관의 소통을 추구하는 이 시대의 개척자들에게 찬사를 보낸다.

결코 쉬운 과제는 아닐 것이다. 도킨스는 다윈주의에 기초해서는 좀처럼 설명할 수 없는 인간의 이타성을 "초친절"로 부르면서 이렇게 말한다. "인간의 초친절을 설명하려면 아직 많은 연구가 필요합니다. 이 점에 대해서는 당신과 나의 견해가 다르지 않아요. 하지만 초친절은 인간 특유의 다른 성취들, 이를테면 음악, 철학, 수학에 비해 훨씬 더 불가사의한 수수께끼가 아닙니다. 생존 확률을 높이는 것과 음악,

철학, 수학의 발전이 어떻게 연결되는지 이해하는 것도 어려운 과제예요." 도킨스는 초친절의 설명이 그리 어려운 과제가 아니라는 취지로 이렇게 말하는 듯한데, 오히려 나는 초친절뿐 아니라 음악, 철학, 수학도 '진화'라는 패러다임 아래에서 설명하기가 어마어마하게 어렵다는 뜻으로 들린다.

인간이 인간을 논할 때, 어려움이 있을 것은 불을 보듯 뻔하다. 이 책이 어렵지 않고, 논란, 불만, 아쉬움을 일으키지 않는다면, 그것이 오히려 비정상이다. '너 자신을 알라!'는 예나 지금이나 더없이 어려운 과제다. 이 책 안의 대화와 바깥의 대화가 당신의 어려움을 덜어주기를 바란다.

삶이 우리에게 던지는 질문에 대하여

인간은 생각하는 능력을 획득한 이래로 자신이 누구인지에 대해서 숙고해왔다. 이 질문의 대답이 무엇이냐에 따라 우리가 어떻게 살 수 있고, 또 살아야 하느냐가 달라지니 충분히 이해할 만한 일이다.

이 책은 이 질문에 대한 최신의 대답들을 모은 결과물이다. 즉, 내가 2010년부터 2013년까지 인터뷰를 진행하고, 주간지 ≪차이트 마가진*ZEIT Magazine*≫에 요약 게재한 과학자들과의 대화다. 그들을 인터뷰하면서 나는 삶이 우리에게 던지는 질문을 가능하면 남김없이 다루려 했다. 우리의 성격은 어떻게 발생할까? 선과 악은 어디에서 나올까? 다른 생물과 우리는 어떤 관계일까? 우리는 왜 병들고, 왜 죽어야 할까?

나의 목표는 최대한 다양한 분야의 대변자들에게 발언 기회를 주는 것이었다. 그래서 노화의 수수께끼를 탐구하는 분자생물학자의 통찰과 나란히 발달심리학자의 통찰을 배치했고, 철학자 두 명의 숙고에 앞서 완화의학 전문의였다가 우정과 사회관계망에 대한 연구자로 변신한 과학자의 경험을 배치했다. 내가 인터뷰한 상대들은 관심이 다양한 만큼 업적도 다양하다. 그러나 그들 모두가 동의하는 바가 있으니, 그것은 인간이라는 수수께끼에 접근하는 방식이다. 우리 존재의 비밀을 밝혀내려면 생활 경험과 철학적 사변만으로는 부족하다. 왜냐하면 이것들은 그 자체로 매우 소중하기는 하지만, 검증 가능한 사실에 의해 뒷받침되어야 하기 때문이다. 바꿔 말해 체계적이며 흔히 성가신 과학 연구를 외면하는 사람은 제자리를 맴돌 위험에 빠진다. 우선 사실을 확인하고, 그다음에 숙고하라. 생각해보면 이것은 자명한 원리다. 하지만 안타깝게도 여전히 많은 지식인들과 비판자들은 이 원리에 반발한다. 자연과학은 블랙홀과 플랑크톤에 대해서는 이러쿵저러쿵 이야기할 수 있겠지만, 인간의 본질에 대해서는 그럴 수 없다는 것이 그들의 견해다. 이 책에 실린 대화들은 이 견해를 반박하는 증거다.

자연에 대한 앎과 인간에 대한 앎이 서로 분리될 수 없다는 것은 따지고 보면 오래전부터 잘 알려진 생각이다. 이미 성서의 창조 이야기에도 이 생각이 배어있다. 알다시피 인간은 여섯째 날에 창조되었다. 그때는 신이 동물, 식물, 우주를 창조한 다음이었다. 나중 대목에서는 신이 인간과 모든 동물을 똑같이 흙을 재료로 삼아 빚어냈다는 서술이 나온다. 최초 인간의 이름인 '아담'도 이 사연을 상기시킨다. 히브리어에서 '아다마adamah'는 먼지 또는 흙을 뜻한다. 그 후 세계의 창조주는 아담이 갓 깨어난 지성으로 동물들에게 이름을 붙이는 것을 지켜본다. 요컨대 우리의 몸과 정신은 자연의 일부다.

현대 과학의 관점과 성서 창세기의 관점은 또 다른 측면에서도 일치한다. 양쪽 다 역사의 중요성을 강조한다. 성서의 첫 대목은 인간의 속성을 설명하기 위해 추상적인 논증을 제시하지 않는다는 점에서 더 나중에 나온 철학과 다르다. 오히려 그 대목은 우리가 누구이고 어떻게 현재에 이르렀는지를 우리 조상들의 사연을 근거로 설명한다. 부끄러움은 아담과 이브가 신의 명령을 어긴 것에서 유래했고, 부부싸움과 출산의 고통은 선악을 알게 하는 나무의 열매를 따 먹은 죄에 대해 신이 내린 벌로 생겨났다. 또 우리는 낙원에서 추방된 후에 비로소 죽음을 피할 수 없게 되었다.

오늘날의 과학은 당연히 수천 년 전 서아시아에서 발생한 이 신화에 의지하지 않지만, 역사적 관점은 옹호한다. 인간의 본질적 특징은 아주 먼 조상들이 생활조건에 맞게 적응하면서 형성되었다. 따라서 이 책의 중심 주제는 진화다. 과학자들과 나눈 대부분의 대화가 기원 그 자체를 화두로 삼는다. 예컨대 제인 구달이 다른 대형 유인원과 자신의 관계를 이야기할 때 혹은 독일 막스플랑크연구소의 스반테 페보 박사가 유전자를 모든 인간이 친척이라는 증거로 거론할 때 그러하다. 다른 대화에서는 자연이 우리를 이해하는 데 필요한 배경으로 등장한다. 의학자 데틀레프 간텐이 질병을 설명할 때 그러하다. 분자생물학자 엘리자베스 블랙번은 노화를 과거의 유산으로 규정한다. 동물학자 리처드 도킨스와 나는 혹독한 자연 속에서 부족한 자원을 놓고 벌어지는 경쟁이 우리를 이기적이고 탐욕적으로 만들었는지, 또 그 경쟁이 우리 안에 공정함과 관대함을 어느 정도까지 심어주었는지를 놓고 논쟁한다.

이 책은 『우리는 모두 별이 남긴 먼지입니다』의 속편 격으로, 내가 과학자들과 나눈 대화를 모은 두 번째 책이다. 앞선 책에 비해 이 책에서는 과학자들의 경험, 이력, 개인적인 관점이 더 큰 역할을 한다. 이 책에 실린 대화의 주제를 감안할 때, 이는 자연스러운 일이다. 인간에 대하여 이야기하면서 자기 자신을 제쳐놓는 것은 불가능하지 않겠는가. 따라서 다른 한편으로 나의 대화 상대들은 모든 주관적 경험을 배제하려 하는 정통 과학의 울타리를 허문다. 그들은 거의 다 그런 제약에 맞서 싸운 적이 있다. 제인 구달은 지도교수로부터 진지한 과학자가 되려면 침팬지와 우정을 맺으면 안 된다는 조언을 들었다. 철학자 토마스 메칭거는 그의 연구 주제인 의식은 너무 '모호해서' 진지한 과학에서 다룰 가치가 없다는 충고를 들었다. 나의 대화 상대들은 하나같이 자기 분야에서 개척자로서 우리 자신에 대한 지식뿐 아니라 연구의 범위도 확장했다.

인간이 연구한 과학은 거꾸로 인간에게 영향을 미쳤다. 나에게 특히 감동적인 대목은 대화 상대가 자연을 연구한 덕분에 자신의 삶과 세계를 근본적으로 다른 시각으로 보는 법을 배웠다고 이야기할 때였다. 과학이 종교적 신념에 변화를 일으킨 사례가 놀랄 만큼 많았다. 예컨대 의학자 겸 사회학자 니콜라스 크리스타키스는 사회관계망 연구 덕분에 성서의 산상수훈山上垂訓을 새삼 돌이키며 감탄했는가 하면, 한때 가톨릭교도였던 크리스토프 코흐는 뇌에서 의식의 전제조건을 탐구하는 과정에서 자신의 신앙과 고통스럽게 결별했다.

나 자신의 경험을 말하자면, 이 책을 계기로 만난 사람들 덕분에 나는 우리를 낳았고 오늘날까지 우리의 본질 전체를 규정하는 자연과 우리 인간이 떼려야 뗄 수 없게 연결되어있음을 새삼 되새겼다. 또한,

우리 자신에 대해서 자잘한 부분보다 더 많은 것을 파악하려면 과학의 지평이 아직 한참 더 확대되어야 한다는 점도 실감했다. 우리의 유전자는 마지막 하나까지 목록에 등재되었고 가까운 장래에는 유전자에 못지않게 중요한 단백질과 모든 뉴런의 목록도 작성될 것이다. 그러나 각 개인의 몸은 부분들의 상호작용에 기초하여 존속하며, 그 상호작용은 현재로써는 기술할 수 없을 정도로 복잡하다. 게다가 아마도 더 큰 과제는 과학의 거대한 맹점 하나를 제거하는 일일 것이다. 그 맹점은 이런 질문으로 요약된다.

> "엄밀한 과학으로 우리의 주관적 경험, 곧 내밀한 느낌에 접근할 수 있을까?"

나의 대화 상대들은 이 과제를 향한 첫걸음을 과감하게 내디뎠다. 그들의 뒤를 이을 후발 주자의 등장에 어쩌면 이 책이 기여할지도 모르겠다.

나의 대화 상대 모두에게, 우리가 함께한 시간에 대해 감사한다. 《차이트 마가진》의 크리스토프 아멘트, 외르크 부르거, 마티아스 슈톨츠가 베푼 지원과 편집자로서의 조언에 감사한다. 이 책의 편집을 맡은 니나 실렘에게도 감사한다. 또한 늘 그렇듯이, 나의 아내이자 동료 알렉산드라 리고스의 격려와 비판에 감사한다.

2013년 12월 베를린에서

슈테판 클라인

차례

Wir könnten unsterblich sein

01

우리는 어쩌면 영생할 수 있을 겁니다

인간 생명의 한계, 노화를 일으키는 유전자들,
수명 예측 방법에 대하여
분자생물학자 "엘리자베스 블랙번"과 나눈 대화

Elizabeth Blackburn

1948년 오스트레일리아에서 태어났다. 현재 캘리포니아 대학교에서 미생물학 및 면역학과 교수로 있다. 2001년에 미국 대통령 직속 생명윤리자문위원회 위원으로 선출되었고, 2009년에 텔로미어 발견 공로로 노벨 생리의학상을 받았다. 그밖에 게어드너재단 국제상, 미국암학회의 명예훈장, 네덜란드 왕립아카데미의 하이네켄 의학상, 벤자민 프랭클린 메달, 알버트 래스커 기초의학연구상, 로레알-유네스코 세계여자과학자상 등을 받았다.

늙는다는 것은 우리의 삶에서 당연하지만 달갑지 않은 한 측면인 듯하다. 하지만 일찍이 프랑스의 사상가 미셸 드 몽테뉴는 이런 생각에 의문을 제기하고, 노화를 "이례적 행운"으로 칭했다. "사람이 늙어서 죽는 경우는 드물다"는 것이다. 몽테뉴는 16세기에 활동했다. 폭력과 유행병이 난무하던 시대에 노화로 인한 죽음은 극소수만 누릴 수 있는 행운이었다.

오늘날 자연과학자들은 우리의 몸과 정신이 퇴화하는 것이 정말로 불가피한 일인지 따져 묻는다. 엘리자베스 블랙번은 이 분야를 개척한 인물 중 하나다. 오스트레일리아 태즈메이니아 주의 외딴 소도시에서 일곱 형제의 둘째로 태어난 그녀는 케임브리지 대학교에서 생화학을 공부했다. 이후 줄곧 노화의 유전학적 메커니즘을 탐구해온 그녀는 그 공로를 인정받아 2009년에 노벨상을 받았다.

캘리포니아 주 샌프란시스코에 위치한 자신의 실험실에서 올해 나이 예순셋인 여성과학자가 자신의 발견을 열정적으로 설명한다. 마치 그 발견들을 방금 전에 이뤄낸 사람 같다. 터져 나오는 말의 봇물을 멈출 수 있는 것은 오직 그녀 자신의 웃음뿐이다. 그럴 때면 블랙번의 유머와 대단한 친절 뒤에 숨은 더 큰 고집이 언뜻 느껴진다. 그런 부드러운 완고함은 그녀가 쌓아온 과학자 경력의 밑거름인 동시에 미국 대통령 부시가 2004년에 당시 이미 세계적으로 유명한 과학자였던 그녀를 '대통령생명윤리자문위원회'에서 쫓아낸 이유이기도 하다. 그렇게 쫓겨난 사람은 지금까지 그녀가 유일하다.

슈테판 클라인 블랙번 교수님, 교수님은 인생에서 수십 년을 섬모충 연구에 바쳤습니다. 그 단세포생물의 어떤 구석이 그렇게 매력적일까요?

엘리자베스 블랙번 섬모충은 놀라운 생물이에요. 녀석들은 단성생식을 할 수 있죠. 한 마리가 그냥 두 마리로 되는 거예요. 그런데도 섬모충에는 성별이 일곱 가지나 있어요. 성별이 다른 두 녀석이 짝지어 번식하지요. 게다가 섬모충 세 마리가 함께 번식에 참여하기도 해요. '왜 우리는 남성이나 여성인 것에 만족하고 살지?'라는 의문이 절로 드는 대목이죠. 더구나 섬모충은 성별과 상관없이 일곱 가지 방식으로 짝짓기를 할 수 있어요. 정말 끝내주죠? 이런 생물을 어떻게 사랑하지 않을 수 있겠습니까.

슈테판 클라인 섬모충에 대한 연구가 인간의 노화에 대한 통찰로 이어지리라는 예상을 했나요?

엘리자베스 블랙번 아뇨. 우리 의도는 분자유전학의 기본적인 질문을 탐구하는 것이었어요. 그것만 해도 아주 흥미로웠거든요. 1975년에는 유전정보를 읽어낼 수 있는 사람들이 나와 지금의 내 남편을 비롯해서 얼마 없었어요. 섬모충은 유전정보 해독 실험의 대상으로 적합했고요. 그해에 연구가 꾸준히 진척되면서 우리는 슬슬 생물학의 심장부로 진입하는 느낌을 받았지요. 하지만 인간의 노화를 막겠다는 목표는 전혀 없었습니다.

슈테판 클라인 하지만 2009년에 교수님이 노벨상을 받았을 때 나온 신문 기사들을 읽은 독자 중에는 교수님이 인간의 노화를 막는 방법을 알아냈다고 믿는 사람이 꽤 있을 법합니다. 그런 요란한 기사들이 과장이라는 생각은 안 들었나요?

엘리자베스 블랙번 전혀요. 우리가 섬모충에서 발견한 바를 인간에 적용할 수 있다는 것을 나 자신도 오랫동안 믿지 않았습니다. 하지만 지금은 의심의 여지가 없는 증거들이 나왔는걸요.

슈테판 클라인 섬모충은 죽지 않습니다.

엘리자베스 블랙번 바로 그 점도 섬모충의 생물학이 가진 아름다움이에요. 이 단세포생물은 분열할 수 있는 횟수가 무한대죠.

슈테판 클라인 분열할 때마다 새로운 삶이 다시 시작되고요.

엘리자베스 블랙번 어떻게 그럴 수 있지? 라는 것이 우리의 질문이었어요. 문제가 뭐냐 하면요, 세포 내에서 유전정보는 염색체에 들어있는데, 세포가 분열할 때마다 염색체의 일부가 손실된다는 점이에요.

슈테판 클라인 그래서 결국 염색체가 너무 짧아지고 유기체의 기능에 이상이 생기게 되죠.

엘리자베스 블랙번 바로 그런 일이 벌어지는 것을 섬모충은 환상적인 복구 메커니즘으로 막습니다. 캐럴 그라이더가 1984년 성탄절에 발견했지요. 당시에 캐럴은 내가 지도하는 박사과정 학생이었죠. 섬모충의 세포핵 속에 어떤 물질이 있는데, 그 물질이 염색체의 끄트머리를 계속 재생시켜요.

슈테판 클라인 그러니까 말하자면 그 물질이 불로장생의 묘약…….

엘리자베스 블랙번 세포에는 그런 셈이죠. 우리는 그 물질을 텔로머라아제telomerase로 명명했어요. 그 물질 덕분에 염색체는 일종의 보호덮개를 다시 갖출 수 있습니다. 그 보호덮개의 이름은 텔로미어telomere예요. 섬모충이 영원히 살 수 있는 건 텔로미어 덕분이죠.

슈테판 클라인 우리 몸도 재생 능력이 있습니다. 장기들은 다시 젊어져요. 장기의 세포가 섬모충과 마찬가지로 분열해서 자신의 후손들을 생산하니까요. 다만 섬모충과 다른 것은 안타깝게도 인간에서도 그 분열의 횟수가 제한적이라는 점이죠.

엘리자베스 블랙번 맞아요. 그래서 세월이 흐르면 점점 더 많은 세포가 후손 없이 사멸하죠. 그러면 몸의 기능에 문제가 생기고요. 하지만 인간도 텔로머라아제를 가지고 있습니다. 10년쯤 전에 과학자들은 유전병 때문에 체내에서 텔로머라아제가 너무 적게 생산되는 가족들을 연구했어요. 그 가족들은 이례적으로 이른 나이에 노인성 질병에 걸렸죠. 이 발견은 우리 인간에서도 텔로머라아제가 노화를 늦춘다는 증거예요.

슈테판 클라인 텔로머라아제 생산량이 적다니 참 가련한데, 그 사람들은 치매에도 일찍 걸리나요?

엘리자베스 블랙번 안타깝게도 치매에 걸릴 겨를조차 없습니다. 그런 사람들은 면역기능이 상실되기 때문에 일찌감치 암이나 온갖 감염으로 죽거든요. 이런 불행은 텔로미어가 너무 짧아지는 것과 관련이 있다고 추정됩니다. 이 발견 이후 노화와 질병과 텔로미어의 길이가 어떤 관련이 있는지에 대한 지식이 말 그대로 봇물처럼 쏟아졌죠.

슈테판 클라인 모든 세포 속에 정말로 '생명의 실(그리스 로마신화에서 인생의 상징 - 옮긴이)' 같은 것이 있다고 해도 되겠군요. 하긴, 고대 신화에서는 생명의 실이 삶의 길이뿐 아니라 질도 결정하지만요.

엘리자베스 블랙번 멋진 비유예요. 하지만 변화가 꼭 나쁜 쪽으로만 일어나는 것은 아니에요. 때로는 텔로머라아제의 작용으로 텔로미어가 다시 성장하거든요.

슈테판 클라인 신화에서도 운명의 여신이 생명의 실을 추가로 자아서 더 연장하기도 해요. 아무튼 실제로 인간 세포의 재생력은 무엇에 의해 결정될까요?

엘리자베스 블랙번 생활조건이 중요한 구실을 합니다. 특히 만성 스트레스가 중요해요. 심리학자들과 함께 장애아 자식을 둔 어머니들을 연구한 적이 있어요. 여기 미국에서는 장애아 양육에 대한 지원이 거의 없기 때문에, 그 어머니들은 엄청난 부담을 받습니다. 그들의 텔로미어를 측정해보니, 대체로 자식을 돌본 기간이 길수록 텔로미어의 길이가 더 짧았어요. 어린 시절에 부모의 죽음이나 심지어 성폭력 같은 트라우마를 겪은 사람들에서도 유사한 규칙성이 발견되었어요. 끔찍한 경험을 더 많이 겪은 사람은 대체로 텔로미어의 길이가 더 짧았습니다.

슈테판 클라인 불행이 닥칠 때마다 생명의 실에서 일부가 잘려나가는 꼴이군요.

엘리자베스 블랙번 어린 시절의 고난은 세포핵에 특히 깊은 흔적을 남기는 듯해요. 그러니 교훈은 명백합니다. 아동 보호는 정말 시급하고 중요한 일이에요. 하지만 심각한 고난을 놀랄 만큼 잘 참아내는 사람들도 있기는 합니다.

슈테판 클라인 사람의 수명은 유전에 의해서도 결정되는 것 같아요.

엘리자베스 블랙번 예, 맞습니다. 확실한 증거 하나를 대자면, 독일 귀족들의 족보인 『고타*der Gotha*』가 있어요. 이 책을 보면, 유럽 전역의 아주 유복한 가문에서 태어난 여아 약 45,000명의 수명이 나와요. 아들에 관한 데이터는 거의 쓸모가 없습니다. 왜냐하면 전쟁에서 죽은 아들이 워낙 많으니까요. 반면에 여성들은 아기를 낳다가 죽은 경우만 빼면 거의 예외 없이 안락하게 살았습니다. 그런데 그 여성들의 수명과 그들의 부모의 수명을 비교해보니 놀라운 결과가 나왔어요. 대략 75세까지는 부모와 딸의 수명이 거의 관련이 없어요. 그 나이까지 죽은 딸은 우연한 병이나 불행 때문에 죽은 거죠. 하지만 75세를 넘긴 딸은 유전자 덕분에 장수했어요. 알고 보니 그 귀족 여성들은 유난히 장수한 부모에게서 태어난 딸이었어요.

슈테판 클라인 재미있군요. 그런데 지금은 우리 모두의 삶이 그 귀족 여성들의 수준에 점점 더 접근하고 있어요. 과거에는 여왕도 누리지 못한 수준의 위생과 의료 덕분에 대다수 사람들이 75세를 가뿐히 넘기죠. 그러니까 이제 우리 수명의 한계를 결정하는 것은 유전자일까요?

엘리자베스 블랙번 그 질문의 대답을 알아낼 수 있는 첫 번째 세대가 어쩌면 바로 우리일 겁니다. 우리는 과거에 있어본 적이 없는 안전한 환경에서 사니까요. 우리 몸은 이런 환경에 적합하게 진화하지 않았어요. 물론 여전히 많은 사람이 심혈관계 질환으로 죽지만, 그 수는 줄어드는 추세예요. 건강한 생활방식 덕분에 심근경색 건수가 감소하고 있죠. 또 다른 주요 사망 원인인 암도 그런지는 아직 불분명합니다. 인간의 기대수명이 어디까지 연장될 수 있느냐는 질문은 거대한 실험이 답해줄 겁니다. 우리는 모두 그 실험에 참가하고 있는 실험동물이고요.

슈테판 클라인 교수님은 어떻게 추측하나요?

엘리자베스 블랙번 현재 인간 종의 유전자풀gene pool은 120년의 수명을 허용하는 것으로 보입니다. 이제껏 가장 오래 산 사람은 프랑스 남부의 잔 칼망이에요. 이 할머니는 85세에 펜싱을 배우고 100세에도 자전거를 타고 1997년에 122세로 사망했죠. 100세를 넘기는 사람들의 대다수가 그렇듯이, 칼망의 친척들도 장수했습니다. 게다가 칼망은 평생 최고의 건강을 누렸어요. 담배를 굴뚝처럼 피웠는데도!

슈테판 클라인 그분은 어떻게 돌아가셨나요?

엘리자베스 블랙번 알려지지 않았어요. 특별한 원인이 없었을 수도 있습니다. 초고령자들은 그렇게 사망하는 경우가 많거든요. 언젠가부터 그냥 시스템 전체가 불안정해지는 거죠. 그러면 살짝 넘어지거나 폐렴에 걸리기만 해도 사망합니다. 사망진단서에는 '심부전'이라고 기록되고요. 심장의 기능에 이상이 생겼다는 뜻이니까, 항상 옳을 수밖에 없는 진단이죠.

슈테판 클라인 일반적으로 의학은 나이가 아니라 질병을 죽음의 원인으로 보잖아요. 그런데 지금 교수님은 정반대의 이야기를 하네요.

엘리자베스 블랙번 '질병'이 정확히 무슨 뜻일까요? 다양한 뜻이 있어요. 우선 명확한 원인이 있는 고통을 질병이라고 해요. 어떤 박테리

아나 바이러스가 우리 몸을 침범하면, 질병의 증상들이 시작되죠. 이런 의미의 질병에 대해서는 의학이 아주 효과적이에요. 하지만 심혈관계 질환, 암, 노인성 당뇨병 같은 질병도 있어요. 이런 질병들은 몸 자체가 그 원인이고 오랜 기간에 걸쳐 발병하지요. 이런 질병에 걸린 환자에게 오늘날의 의사가 해줄 수 있는 것은 대개 고통을 관리하는 것을 돕는 게 전부예요. 우리의 의학은 너무 편협하게 증상만 주목하거든요. 당뇨병 전문의는 당뇨병만 고치려 애쓰고, 내과 전문의는 동맥경화증만 고치려 애쓰는 식이죠. 하지만 이 질병들은 원인이 같아요. 아마도 인체 고유의 복구 메커니즘에 문제가 생긴 것이 그 원인일 거예요.

슈테판 클라인 교수님은 연구를 통해 이 질병들을 치유할 길을 열고자 하고요.

엘리자베스 블랙번 예, 그렇습니다.

슈테판 클라인 그게 어떤 길일까요?

엘리자베스 블랙번 3대 사망원인으로 꼽히는 암, 심혈관계 질환, 폐질환은 텔로미어의 상태와 명확히 관련 있습니다. 이를 더 정확히 이해하기 위해서 우리는 미국의 대형 의료보험회사 한 곳과 공동연구를 해왔어요. 65세 이상의 피보험자 10만 명의 병력과 생활습관을 조사하고 그들의 유전자를 분석하고 텔로미어를 측정했죠. 우리가 알아내려는 것은 어떤 유전자를 지닌 사람이 어떤 생활습관을 가지면 몸에 어떤 문제가 생기는가 하는 거예요.

슈테판 클라인 보험회사가 그렇게 샅샅이 조사하면, 피보험자들이 싫어하지 않나요?

엘리자베스 블랙번 천만에요. 예비 단계부터 자원자들이 몰려들었어요. 어떤 사람들은 손수 이력서를 써서 들고 왔다니까요. 자기는 매일 요가를 하기 때문에 과학적으로 특히 흥미로운 사례라고 알려주는 사람도 있었고요. 모든 자원자가 자신의 텔로미어가 어떤 상태인지 알고 싶어 했어요.

슈테판 클라인 사람들에게 언제 죽을지 예언해주는 점쟁이 노릇을 하는 셈인데, 교수님은 그런 최신식 점쟁이 노릇이 마음에 드나요?

엘리자베스 블랙번 무슨 말이에요? 나는 죽을 때를 예언해준 적이 없습니다! 텔로미어의 길이는 기대수명과 통계적으로만 관련이 있어요. 고지혈증 환자가 심근경색에 걸릴 확률이 높기는 하지만 반드시 걸리지는 않는 것과 마찬가지예요. 안타깝게도 많은 사람들은 통계를 제대로 이해하지 못하죠.

슈테판 클라인 그건 납득할 만하네요. 텔로미어의 길이가 얼마인 환자 100명 중에 몇 명이 5년 뒤에도 살아있을까, 따위에 관심이 있는 사람은 드물 거예요. 다들 자기 자신의 운명을 알고 싶을 뿐이죠.

엘리자베스 블랙번 게다가 텔로미어의 길이가 간단히 생물학적 나이를 말해준다고 생각해보세요. 정말 매혹적일 수밖에 없죠!

슈테판 클라인 이와 관련하여 교수님은 몇몇 분들과 함께 회사를 차렸습니다. 당장 올해부터 모든 사람들에게 텔로미어 검사 서비스를 제공할 계획으로요. 회사까지 차린 이유가 있나요?

엘리자베스 블랙번 수요 때문이에요. 우리 대학의 실험실로는 증가하는 수요를 감당할 수 없었어요. 그것이 모든 일의 시초예요. 누군가 앞장서서 대중을 상대해야 할 상황이었죠. 그리고 다른 사람들이 질 낮은 서비스를 하도록 놔두느니 우리가 질 좋은 서비스를 제공하는 편이 낫겠다 싶었어요. 그래서 검사 신청 절차도 엄격하게 정했어요. '검사를 받으려는 사람은 검사용 표본을 직접 제출하면 안 되고 반드시 의사를 통해서 제출해야 한다.'

슈테판 클라인 그렇게 검사를 받으면, 무얼 얻나요?

엘리자베스 블랙번 자기 몸에 관한 정보를 얻게 되죠.

슈테판 클라인 하지만 그건 별로 쓸모없는 정보예요. 교수님은 텔로미어의 상태와 건강 사이에 정확히 어떤 상관성이 있는지를 이제 막

연구하기 시작했잖아요.

엘리자베스 블랙번 우리가 무슨 정답을 안다고 장담하지는 않아요. 검사를 받는 사람은 자신의 데이터가 현재 진행 중인 연구에 쓰인다는 것도 명심해야 하고요.

슈테판 클라인 검사 결과가 몹시 곤혹스러울 수도 있겠군요. 교수님이 검사를 받았는데, 앞으로 5년 이내에 죽을 확률이 90퍼센트라는 결과가 나왔다고 가정해봅시다. 교수님이라면 그런 검사 결과를 알고 싶겠어요?

엘리자베스 블랙번 그런 문제도 예비 연구에서 검토했습니다. 그런데 검사 결과 때문에 특별히 근심하는 피검사자는 없는 듯했어요. 다른 유전자 검사에서도 알 수 있는데, 사람들은 검사 결과를 놀랄 만큼 잘 받아들입니다. 당신의 텔로미어가 짧다면, 그건 더 정확한 점검이 필요하다는 경고일 뿐이에요. 자동차 계기판의 빨간불이 연료 부족을 의미하는 것과 마찬가지죠.

슈테판 클라인 우리 같은 성인도 텔로미어의 길이를 증가시키거나 최소한 유지시키기 위해서 무언가 할 수 있는 일이 있나요?

엘리자베스 블랙번 거기에 대해서는 우리 연구가 아직 시작 단계예요. 하지만 하나는 말씀드릴 수 있어요. 더 많이 운동하고 더 잘 자는 사람은 텔로미어가 더 깁니다.

슈테판 클라인 교수님은 본인의 텔로미어가 얼마나 긴지 아나요?

엘리자베스 블랙번 예. 나는 걱정 없습니다. 아무 문제 없어요.

슈테판 클라인 텔로미어 검사 결과를 알고 나니까 생활방식이 바뀌던가요?

엘리자베스 블랙번 아뇨. 어쨌거나 나는 매일 30분씩 운동하려고 노력해요. 운동은 몸이 망가지는 것을 막는 기적의 방패거든요. 내가 유일하게 인정하는 기적의 방패. 압도적인 데이터가 이 사실을 증명하지요.

슈테판 클라인 운동만 인정한다고요? 굉장히 인색하시네. 어마어마한 건강보조식품 시장은 제쳐 둔다 하더라도, 과학자들도 노화를 막는 대책으로 온갖 조언을 하잖아요. 설탕 섭취를 줄여라, 적포도주를 마셔라, 비타민 E를 먹어라, 녹차를 마셔라…….

엘리자베스 블랙번 맞아요, 누구나 자신에게 도움이 되는 듯한 처방을 시도하죠. 하지만 안타깝게도 그 처방의 효과를 증명한 사람은 아무도 없습니다. 적포도주와 녹차에 들어있는 폴리페놀이 대단한 축복의 물질이라고들 하지만, 그 물질이 실제로 어떤 효과가 있는지, 아니도대체 효과가 있기는 한지 아무도 몰라요. 비타민 E를 과다 섭취하면 암에 걸려요. 설탕 섭취를 줄이는 것은 확실히 의미가 있어요. 하지만 나는 삶의 질도 중요하다고 봅니다.

슈테판 클라인 교수님은 예순셋입니다. 노화의 징후를 느낄 텐데, 그게 싫지 않나요?

엘리자베스 블랙번 나는 내 나이가 아주 좋아요. 당신은 나이가 어떻게…….

슈테판 클라인 46이요.

엘리자베스 블랙번 마흔여섯이라……. 당신 나이 때 나는 어린 자식을 둔 엄마였어요. 동시에 연구에 몰두해야 했고요. 스트레스를 엄청나게 받았지요. 지금이 훨씬 더 낫죠. 게다가 이제는 세상을 더 넓게 볼 수 있어요. 물론 스키 타는 솜씨는 그때가 더 나았어요. 그래도 그때로 돌아가라면, 돌아가지 않을 거예요.

슈테판 클라인 많은 사람들은 과거에 비해 여러 능력이 떨어지고 외모가 볼품없어지는 것을 부끄럽게 느낍니다. 특히 여성들이 그렇지요.

엘리자베스 블랙번 모든 여성이 그런 건 아니에요. 자식들이 집을 떠나면 여성은 제2의 봄을 맞을 수 있습니다. 물론 그러려면 지원이 필요해요. 안타깝게도 우리 사회에서는 중년 여성을 얕잡아보는 풍토가 여전히 강하지만요.

슈테판 클라인 교수님 개인은 그런 풍토를 원망할 일이 거의 없을 것 같아요. 대단한 명예를 얻었으니까.

엘리자베스 블랙번 미국에서는 노벨상 수상자가 그다지 희귀하지 않아요. 물론 여성 노벨상 수상자는 조금 더 드물죠. 내가 공개석상에 나서면, 많은 사람들이 열광해요. 그러면서 자신의 딸이나 손녀에게 나를 보라고 하죠. 그들에게는 나의 존재 자체가 여성의 성공 가능성을 보여주는 증거인 거예요. 그러니 나도 어느 순간 깨달았죠. 아, 나는 더 이상 아무 일을 하지 않아도 쓸모 있구나. 살아있는 것만으로 충분하구나.

슈테판 클라인 120세까지 살고 싶나요? 심지어 200세까지?

엘리자베스 블랙번 그럼요, 물론이죠! 하지만 몇 살 때의 상태를 연장하고 싶은지 명확히 할 필요가 있어요. 80대의 상태를 연장하는 것은 기꺼이 사양하겠어요. 아마 대다수가 20대의 상태를 연장하는 쪽을 가장 선호하겠죠.

슈테판 클라인 나는 싫어요. 연애하느라 고뇌가 너무 심했거든요.

엘리자베스 블랙번 다른 한편으로 그 시기는 우리의 지적 능력이 최고조에 달하는 때이기도 해요. 할 수만 있다면 나는 20세의 뇌를 가지고 계속 다시 시작하고 싶어요. 우선 25년 동안은 내가 해온 일을 다시 하겠어요. 그다음에는 수학을 제대로 공부해서 전공을 우주론으로 바꿀래요. 그 분야에는 흥미로운 미해결 문제들이 많거든요. '나는 대체 왜 생물학에 시간을 낭비하는 거지'라는 의문이 절로 들 정도예요. 또 피아노를 더 자주 치겠어요. 스키도 훨씬 더 많이 타고요.

슈테판 클라인 미국 '대통령생명윤리자문위원회'의 위원장은 그런 꿈들을 "기괴하다"고 평했습니다. 교수님도 한때 그 위원회에 참여했죠. 그분의 생각은 바로 인생의 덧없음이 인간의 가장 좋은 면모를 끌어낸다는 거예요. 헌신, 진지함, 부모와 자식에 대한 애착 같은 것들을요. 교수님은 어떻게 응수할까요?

엘리자베스 블랙번 인생의 덧없음은 실용적으로 전혀 바람직하지 않아요. 그분은 기대수명이 늘어나면 사람들이 게으름뱅이가 될 거라고 추측하죠. 과연 그 추측을 증명할 수 있을까요? 어쨌든 나는 세 가지 경력을 차례로 섭렵한다는 나의 상상과 진지함의 결여가 무슨 상관인지 모르겠어요. 물론 내 생각이 모든 사람에게 적합하다고 주장하는 건 아니에요. 어떤 사람들은 똑같은 배우자와 180년 동안 살아야 할까 봐 걱정하기도 하니까.

슈테판 클라인 결국 '늙음이 어떤 의미를 갖느냐'라는 질문이 중요한 것 같습니다. 아무튼 예컨대 거북은 그 운명에서 자유로워요.

엘리자베스 블랙번 무슨 뜻이죠?

슈테판 클라인 젊은 거북과 100세 거북의 장기들을 나란히 놓으면 전문가도 구별하지 못합니다.

엘리자베스 블랙번 그 파충류 동물은 엄청나게 성능이 좋은 복구 메커니즘을 가진 것으로 보입니다. 진화 과정에서 다양한 번식 전략이 효율성을 입증받았어요. 예컨대 인간은 주로 젊은 나이에 번식하죠. 이 경우에는 긴 수명이 생물학적 이득을 가져다주지 않아요. 하지만 거북 같은 동물은 죽을 때까지 새끼를 낳아요. 이 경우에는 1년이라도 더 사는 것이 이득이죠. 하지만 끊임없이 노화를 저지하려면 많은 에너지가 들어요.

슈테판 클라인 우리 조상들은 먹을거리가 부족했을지 몰라도 우리는 그렇지 않습니다. 인간의 물질대사를 개선한다면, 우리도 늙지 않는 것이 가능할까요?

엘리자베스 블랙번 원리적으로는 가능해요. 다만 문제는 우리의 세포 메커니즘이 그런 물질대사를 감당할 수 있느냐 하는 것이죠. 어쩌면 우리가 타고난 시스템이 어느 순간에 이르러 작동을 멈출지도 몰라요.

슈테판 클라인 그 순간이 언제일까요?

엘리자베스 블랙번 아무도 모릅니다. 나는 '타라 오션스Tara Oceans'라는 단체의 자문위원을 맡고 있어요. 바다에서 수심 10미터 이내에 사는 모든 생물을 연구하는 것이 그 단체의 목표죠. 정말 놀라운 것을 볼 수 있어요. 예컨대 요각류 동물copepods의 복구 시스템은 믿기 어려울 정도로 성능이 뛰어나죠. 요각류 동물은 다세포생물인데도 심지어 몇몇 종은 영원히 삽니다.

슈테판 클라인 고등생물이 죽음을 향해 나아간다는 것은 자연법칙이 아니군요.

엘리자베스 블랙번 맞아요, 아니에요.

슈테판 클라인 교수님은 죽음이 두렵나요?

엘리자베스 블랙번 이제는 두렵지 않아요. 내 아들이 성인이 되었으니까. 내가 죽으면 남편과 아들에게 미안할 것 같기는 해요. 하지만 나는 인생에서 좋은 일을 많이 겪었습니다. 그러니 죽음을 두려워할 이유가 있겠어요?

Wir könnten unsterblich sein

02

우리의 행복은
친구들에 달려 있습니다

감염되는 특징과
저평가된 '함께'의 의미에 대하여
사회학자 "니콜라스 크리스타키스"와 나눈 대화

Nicholas Christakis

1962년 미국에서 태어났다. 현재 하버드 대학교에서 의학 및 사회학 교수로 있다. 국제적으로 인정받는 사회학자로, 비만과 흡연, 감정 등이 사회관계망을 통해 친구와 지인들에게 확산될 수 있다는 연구 결과로 화제를 모은 바 있다. 2006년 미국 과학아카데미의 의학연구원 회원으로 선출되었고, 2008년부터 명성 높은 《영국의학저널》의 주요 칼럼니스트로 활약하며, 2009년에는 《타임》의 '영향력 있는 인물 100인'에 선정되기도 했다. 국내 출간된 책으로 『행복은 전염된다(공저)』가 있다.

니콜라스 크리스타키스는 인간관계에 관한 전문가다. 그러나 공감이 충만한 대화가 아니라 수학을 통해 인간관계를 파헤친다. 그의 도구는 컴퓨터다. 그는 피연구자 1만 명의 취향, 건강상태, 관계망을 컴퓨터에 저장해놓았다. 그 데이터의 많은 부분은 페이스북을 비롯한 온라인 관계망에서 유래했다. 그 데이터가 코페르니쿠스적 혁명을 촉발했다고 크리스타키스는 주장한다. 과거에 망원경이 천문학자들에게 예상치 못한 세계를 열어주었듯이, 머지않아 인간의 공동생활에 대한 우리의 지식이 전혀 달라질 것이라고 한다.

그렇다고 그가 공감과 거리가 멀거나 한 것은 전혀 아니다. 크리스타키스는 원래 완화의학 전문의로서 20년 동안 죽음을 목전에 둔 환자들을 돌봤다. 그러다가 결국 인간이 인간과 어떻게 상호작용하는지 연구하기 위해 의사 일을 접었다. 그리스계 미국인인 그는 현재 하버드 대학교의 의학 및 사회학 교수이며, 시사주간지 《타임》의 말이 맞는다면, 세계에서 가장 영향력이 큰 인물 100명 중 하나다.

우리는 크리스타키스가 그의 아버지를 방문하러 크레타 섬에 왔을 때 그곳에서 만났다. 그에게 배웠는데, 끝에 '아키스akis'가 붙은 이름은 모두 크레타가 원산지다. 우리의 대화를 위해 크리스타키스의 친구가 자신의 테라스를 내주었다. 에게 해가 내려다보이는 테라스였다.

슈테판 클라인 크리스타키스 교수님, 이 테라스의 주인과는 오래전부터 아는 사이인가요?

니콜라스 크리스타키스 아뇨, 2년쯤 됐어요. 아버지가 집에 온 전기기술자에게 하버드에 사는 아들 자랑을 했대요. 그러자 그분이 이렇게 말했대요. "묘한 우연이네요. 방금 제가 이웃 마을 별장에서도 하버드대학교수를 만났거든요." 나도 그 동료도 서로를 몰랐어요. 그 동료는 이 지역에서 성장했거든요. 하지만 바로 이런 식으로 사회관계망이 작동합니다. 매개자를 거쳐서요. 그래서 나는 보스턴에서 그 교수에게 연락을 취했죠. 그 후 우리는 좋은 친구 사이가 되었어요. 우리 자식들도 그렇고요.

슈테판 클라인 교수님에게 친구란 무엇일까요?

니콜라스 크리스타키스 함께 여가를 보내거나 중요한 일을 의논하는 사람이죠. 친구의 정의를 따지면, 그렇다는 말입니다. 개인적으로 나에게는 공동 활동보다 정서적 결합이 더 중요해요. 나는 어느 정도 거리를 두는 친구 관계를 좋아해요. 나처럼 삶을 사랑하는 친구를 좋아하고요. 내가 대화를 관계의 토대로 삼는 것은 어쩌면 약간 여성적 특징일 거예요. 그리스적 특징이기도 하고요. 그리스인 두 명을 붙여 놓아보세요…….

슈테판 클라인 엄청나게 떠들죠. 머리에서 뚜껑이 열리고 김이 뿜어

나올 정도로.

니콜라스 크리스타키스 맞아요. 참고로, 나와 가장 친한 친구는 내 아내입니다.

슈테판 클라인 교수님의 논문들을 읽으면서 자연스럽게 키케로의 명언을 떠올렸어요. "친구란 또 하나의 나와 같다." 하지만 교수님은 이 로마 철학자보다 한 걸음 더 나가죠. 교수님은 실은 우리의 친구들이 우리 자신을 이룬다고 주장합니다.

니콜라스 크리스타키스 예, 그렇게 표현하는 것도 틀린 말은 아니에요. 우리가 얼마나 행복한가, 어떤 영화를 좋아하는가, 우리의 피로감 · 허리 통증 · 우울감 · 약물 소비, 심지어 우리가 죽는 시기까지, 모든 것이 우리의 친구들과 관련이 있습니다.

슈테판 클라인 통상적으로는 유전자, 사회, 신 따위가 그 모든 것의 원인으로 거론됩니다만…….

니콜라스 크리스타키스 사회적 환경이 우리의 삶을 결정하는 유일한 요인이라는 말은 아닙니다. 하지만 사회적 환경의 영향은 우리가 생각하는 것보다 훨씬 더 커요.

슈테판 클라인 교수님은 2007년에 복부비만이 주변 사람들에게 전염된다는 연구 결과를 발표해서 처음으로 파문을 일으켰죠.

니콜라스 크리스타키스 반응이 엄청났습니다. 온갖 반응이 나와서 흥미로웠고요. 《뉴욕타임스》는 "당신의 비만은 친구들의 탓이다"라는 취지의 표제를 달았어요. 어느 영국 신문의 해석은 정반대였죠. "친구들의 배가 나온다면, 원인은 당신에게 있다!" 나와 동료들은 심지어 살해 위협까지 받았어요.

슈테판 클라인 왜 살해 위협을 하죠?

니콜라스 크리스타키스 우리가 비만인을 적대시하는 분위기를 조성했다는 거예요. 우리는 그럴 의도가 전혀 없었는데.

슈테판 클라인 실제로 연구 결과가 도발적이었어요. 교수님은 비만 인구의 꾸준한 증가가 정크푸드와 운동부족 때문만이 아니라고 주장했죠. 독감이 전염되는 것과 대략 비슷하게 비만도 전염된다고요. 어떻게 그런 결론에 이르렀나요?

니콜라스 크리스타키스 우리는 유명한 '프래밍엄 심장 연구Framingham Heart Study'에서 나온 데이터를 이용했습니다. 프래밍엄은 보스턴 근처의 소도시인데, 1948년부터 그곳에서 유행병 학자들이 정기적으로 주민의 건강상태와 생활환경을 조사했어요. 그러니까 누가 누구와 함께 일하는지, 누구와 친구사이인지, 누가 어떤 병에 걸렸는지 조사 결과가 나와 있었죠.

슈테판 클라인 프래밍엄 주민들은 빅브러더big brother의 감시 속에서 사는 셈이군요.

니콜라스 크리스타키스 지금은 조사를 시작할 당시 주민들의 자식과 손자에 관한 데이터도 확보되어 있습니다. 그 후손 세대들은 미국 전역에 흩어져 살죠. 하지만 우리는 그들의 거주지를 압니다. 손으로 적은 주소 10만 개를 우리 컴퓨터에 입력한 덕분이죠. 아무튼 우리는 친구집단 전체가 비만인 경우를 아주 많이 발견했어요. 뚱뚱한 친구를 가진 사람은 본인도 뚱뚱해질 위험이 그렇지 않은 사람보다 57퍼센트 더 높습니다! 다른 장소, 전혀 다른 환경에서 살아도 마찬가지예요. 그러니까 이 연관성을 환경의 영향 탓으로만 돌릴 수는 없어요.

슈테판 클라인 서로 친구가 되기 전부터 이미 뚱뚱했던 것은 아닐까요? 끼리끼리 모인다는 말도 있잖아요.

니콜라스 크리스타키스 우리가 조사해보니까 대부분의 경우에는 두 사람이 친구가 된 다음에 먼저 한 명이 뚱뚱해지고 이어서 다른 한 명이 뚱뚱해졌습니다. 실컷 먹는 재미에 함께 탐닉하는 것일까요? 두말하면 잔소리죠. 하지만 당신의 친구가 과식하지 않고 날씬하다고 해봅시다. 그런데 그 친구에게는 비만인 친구들이 많아요. 이럴 경우에 그 날씬한 친구도 당신에게 비만을 감염시킬 수 있어요.

슈테판 클라인 어째서 그렇죠?

니콜라스 크리스타키스 그 친구 때문에 비만에 대한 당신의 생각이 바뀌기 때문이에요. 살이 몇 킬로그램 쪄도 전혀 나쁠 것 없다는 신호를 친구가 무의식적으로 보낸다면, 당신이 비만을 염려할 이유가 없지 않겠어요? 그 친구의 몸무게가 얼마냐 하는 것은 부차적인 문제예요. 더 나중에 발견했는데, 담배 소비나 만족감에서도 이와 유사한 연관성이 나타납니다.

슈테판 클라인 맞아요, 행복은 전염되죠.

니콜라스 크리스타키스 바로 그겁니다. 비만인과 마찬가지로 행복한 사람도 친구사이로 얽혀 있어요. 신세를 한탄하는 사람도 그렇고요. 하지만 이 경우에도 당신의 기분은 당신의 친구들뿐 아니라 그 친구들의 친구들의 기분에도 좌우됩니다.

슈테판 클라인 재미있군요. 어쩌면 독일인이 늘 불만이 많은 이유나 미국인이 항상 낙관적인 이유를 그런 식으로 설명할 수도 있겠네요. 양쪽 다 행복 연구에서 난해한 수수께끼잖아요. 일반적으로 비슷한 수준의 선진국에서 삶에 대한 만족도가 그렇게 들쭉날쭉한 것에 대해서는 뾰족한 설명이 없습니다. 침울할 이유가 있다면야, 우리 독일인보다 미국인이 더 많잖아요. 그런데도 우리가 불만에 가득 차 있다면, 어쩌면 그 이유는 우리가 서로에게 나쁜 기분을 계속 감염시키기 때문일지도 몰라요. 어쩌면 독일 문화에 불만이 만연해 있기 때문인 거죠.

니콜라스 크리스타키스 맞아요. 왜 독일인은 이토록 독일적일까요? 우리가 어린 시절에 독일식이나 미국식으로 교육받았다는 것만 가지고는 충분히 설명되지 않아요. 오히려 어떤 문화든지 사회관계망에서 자양분을 얻습니다. 사회관계망 안에서 사람들이 항상 다시 만나며 서로의 마음가짐을 강화하는 거죠. 예컨대 여기 크레타 섬의 산악지역에는 폭력 문화가 뿌리내린 마을들이 있어요. 그런 곳에서는 사람들이 분쟁을 칼과 총으로 해결하는 것을 당연시하지요.

슈테판 클라인 도시에 사는 사람들은 가깝게 교류할 사람들을 선택할 수 있습니다. 만일 행복과 습관이 전염된다면, 더 나은 삶을 위해서 간단히 친구들을 바꾸는 방법을 고려해볼 만하겠네요. 교수님은 이런 이유로 친구에게 작별을 고한 적이 꽤 있을 듯한데, 얼마나 많은 친구들에게 그랬나요?

니콜라스 크리스타키스 한 번도 그런 적 없습니다. 나는 정이 많은 사람이에요. 또 그런 급진적인 대처법은 대부분의 경우 효과가 없습니다. 당신이 단단히 마음먹고 뚱뚱한 친구와 절교한다고 해봅시다. 그래도 당신의 몸무게는 전혀 줄지 않을 거예요. 왜냐하면 절교는 체중 증가의 한 원인이기도 하거든요. 우리는 이 사실도 증명했습니다.

슈테판 클라인 교수님은 친구들이 우리의 삶에 미치는 영향을 어쩌다가 연구하게 되었나요? 원래는 의사였잖아요.

니콜라스 크리스타키스 내가 여섯 살 때 어머니가 고칠 수 없는 병에 걸렸어요. 그래서 의학을 공부했죠. 만성 환자를 부모로 둔 사람 중에 이런 경우가 많아요. 죽어가는 사람들을 위해서 무언가 하고 싶어서 완화의학 전문의가 되었고요. 그러다가 우연히 '과부 효과widow effect'라는 것을 알았어요. 부부 중에 한쪽이 죽으면 남은 한쪽의 수명이 통계적으로 짧아지는 현상이죠. 왜 이런 현상이 일어나는지 알아내고 싶었어요.

슈테판 클라인 당시에 교수님은 시카고의 빈민가에서 활동했습니다. 죽어가는 사람들을 대하다 보니 우울해지지 않던가요?

니콜라스 크리스타키스 아뇨. 하지만 내가 감정적으로 소진되는 느낌은 받았어요. 한 가지 이유는 나 자신이 늙어가는 것이었죠. 나보다 더 젊은 환자들을 점점 더 자주 보게 되더군요.

슈테판 클라인 교수님 자신도 머지않아 죽으리라는 생각을 했겠네요.

니콜라스 크리스타키스 물론이죠. 또 한 가지 이유는 내가 접하는 사례들이 갈수록 더 위중해지는 것이었어요. 처음에 나는 살 만큼 산 노인들을 주로 대했습니다. 그런데 가정의가 완화의학을 추가로 공부하는 분위기가 되었어요. 그러다 보니 우리 완화의학 전문의에게는 일반의가 포기한 환자들만 오게 되었죠. 이를테면 30세고 자식을 두 명 두었는데 난소암에 걸려서 어떤 약으로도 다스릴 수 없는 통증에 시달리는 여성 환자.

슈테판 클라인 그런 환자에게 의사가 어떤 도움을 줄 수 있나요?

니콜라스 크리스타키스 환자가 원하는 바를 진지하게 받아들이는 것이 핵심이에요. 환자들이 어떤 죽음을 원하는지 조사한 적이 있어요. 많은 대답들은 충분히 납득할 만했죠. 고통 없이, 집에서, 신과 세상과 화해하고서……. 하지만 가장 절실한 바람은 한결같이 가까운 사람들과 함께 있고 싶다는 거였어요. 우리 어머니가 마흔일곱에 돌아가실 때, 나는 스물다섯이었어요. 내가 임종을 지켰죠. 우리를 놓아 보낼 수 있겠느냐고 물으니까 어머니가 이러시더군요. "얘야, 그게 나한테 얼마나 어려운 일인지 너는 상상도 못한다." 그때 어머니가 처한 상황을 지금은 훨씬 더 잘 이해해요. 죽음은 놓아 보내는 일과 밀접한 관련이 있습니다. 죽어가는 사람은 미래에 대한 관심을 잃어요. 나중에는 먹는 일에도 무관심해지죠. 환자가 음식을 거부하는 것은 아주 나쁜 조짐이에요. 하지만 항상 마지막으로 놓아 보내는 것은 가까운 사람들과의 관계, 사회관계망이에요.

슈테판 클라인 다른 모든 동물은 뭐니 뭐니 해도 먹는 일이 최우선인데, 우리 인간은 다른가 봐요.

니콜라스 크리스타키스 우리는 다른 사람들을 생각합니다. 왜냐하면 사회관계망 안에서 살 때의 장점이 단점을 훨씬 능가하기 때문이에요. 생각해보세요. 수렵채집자들이 협동하면 생산성이 얼마나 향상될지. 발전한 사회에서는 사람들 사이의 접촉이 활발할수록 지역 전체가 번창합니다. 당장 내 경우를 봐도 그래요. 정치학자 제임스 파울러와 끊임없이 교류하지 않는다면 내 연구가 어떻게 되겠어요? 우리는 벌써 10년째 함께 연구해왔습니다. 그러면서 돈독한 우정도 쌓았고요.

슈테판 클라인 하지만 수렵채집자들 사이의 관계와 우리들 사이의 관계를 과연 동일시할 수 있을까요? 여기 크레타 섬의 마을들만 봐도 그래요. 이 마을 사람들의 생활과 보스턴이나 베를린에 사는 사람들의 생활은 전혀 다르잖아요.

니콜라스 크리스타키스 피상적 차이가 있을 뿐이에요. 우리 사회에서 인구의 약 10퍼센트는 친구가 한 명입니다. 친구가 두 명인 사람도 10퍼센트, 세 명인 사람은 20퍼센트죠. 친구가 50명인 사람은 1퍼센트에 불과해요. 한 사람의 친구들 가운데 약 3분의 1은 그들끼리도 아는 사이고요. 그런데 우리 연구팀이 탄자니아의 하즈다Hazda 부족을 연구했어요. 그 부족 사람들의 친구 개념은 당연히 우리와 달라요. 누가 누구와 친한지 알아내기 위해서 우리는 그들에게 자신이 모은 꿀을 누구에게 나누어주겠느냐고 물었죠. 하지만 그들의 사회관계망은 우리의 것과 매우 유사한 구조였습니다.

슈테판 클라인 사회관계망의 구조가 문화와 거의 무관하다면, 이런 결론을 내릴 만하겠네요. 우리가 친구들과 관계 맺는 방식은 천성적으로 정해져 있다.

니콜라스 크리스타키스 실제로 그런 것으로 보입니다. 당신이 아웃사이더인지 아니면 모두가 좋아하는 사람인지, 당신이 얼마나 많은 사람과 접촉하는지에 유전자가 큰 영향을 미쳐요. 당신이 많은 친구를 두기를 더 선호하는지 아니면 단 두 사람끼리의 우정을 더 선호하는지를 결정하는 요인 중 하나도 유전자고요. 또 우리는 친구 사이인 사람이 그렇지 않은 사람보다 유전적 유사성이 더 크다는 것을 발견했어요.

슈테판 클라인 "영혼의 친척"이라는 아름다운 표현을 곧이곧대로 받아들여야겠군요.

니콜라스 크리스타키스 예, 그렇습니다. 다만, 그 유사성은 당연히 진짜 형제들 사이의 유사성만큼 크지는 않아요. 진화 과정에서 우리 조상들의 생존 확률은 그들이 누구와 친분을 맺느냐에 좌우되었던 것으로 보입니다.

슈테판 클라인 그런 식으로 진화를 거치면서 말하자면, 은밀한 자기력 같은 것이 생겨났겠군요. 그 자기력이 지금도 우리를 결속하고요. 나는 친구들을 내 마음대로 골랐다고 생각했는데!

니콜라스 크리스타키스 10년 동안 연구하다 보니 나 자신에 대한 내 생각이 완전히 바뀌었어요. 지금 나는 나 자신을 더 큰 전체, 인류라는 초유기체superorganism의 한 부분으로 보는 편이에요. 인류의 삶은 모든 개인 각각의 삶보다 훨씬 더 복잡합니다. 우리 팀은 사회관계망이 어떻게 발전하는지를 컴퓨터로 시뮬레이션했어요. 아주 감동적인 결과가 나오더군요. 끊임없이 변화하는 그물이 나타났죠. 마치 그 그물이 살아서 호흡하고 기억을 되살리는 것 같았어요. 그 그물 안에서 아이디어와 병균이 퍼져나갑니다. 한 사람이 죽어서 그물이 손상되면, 마치 상처가 아물듯이 이내 복구가 이루어지고요.

슈테판 클라인 거의 종교적 이야기처럼 들리는군요.

니콜라스 크리스타키스 실제로 이 문제는 아주 오래된 질문과 관련이 있어요. 철학적이고 심지어 신학적이기까지 한 질문들 말이에요. 사랑의 근원은 무엇일까? 왜 우리는 친구를 사귈까? 어째서 희생정신이 존재할까? 몇 만 년 전부터 인간에게 이렇다 할 천적이 있다면 단 하나, 다른 인간뿐이에요. 다시 말해 우리는 서로 협동하든지 아니면 싸우든지 양자택일해야 하는 세계에서 살아왔어요. 예수 그리스도는 이 사실을 염두에 두고 이웃사랑을 설교했던 겁니다. 종교적 입장을 떠나서, 예수는 아주 지혜로운 사람이었어요.

슈테판 클라인 교수님의 감동을 충분히 이해합니다. 내가 여러 주제를 다뤄보았지만, 『이타주의자가 지배한다』라는 책을 쓸 때만큼 감동하면서 한 주제를 다룬 적은 없거든요. 그 책의 주제가 바로 교수님이 방금 언급한 질문들이에요. 하지만 나는 사회적 환경의 꼭두각시로 머물고 싶지 않은 사람들도 충분히 이해합니다. 우리 중 대다수는 자신의 독립성에 큰 의미를 부여해요. 내 결정의 주체는 바로 나 자신이라는 느낌을 중시하죠.

니콜라스 크리스타키스 "사람들이 스스로 원하는 바를 할 수 있을 경우, 대다수는 서로를 모방한다." 철학자 에릭 호퍼의 말이에요. 우르르 몰려가는 물소 떼 속의 물소 한 마리를 생각해보세요. 그 물소가 "나는 스스로 왼쪽으로 달리기로 결정했기 때문에 왼쪽으로 달리는 거야"라고 주장할까요? 떼거리가 왼쪽으로 달리니까, 그 녀석도 그럴 뿐이에요.

슈테판 클라인 바로 그거예요. 자신을 떼 짓는 동물로 간주하는 것을 달갑게 받아들일 사람은 아무도 없습니다. 내가 추측하기에 교수님은 차별에 대한 염려보다 더 깊은 이유에서 살해 위협을 받았을 겁니다. 일부 사람들은 교수님이 자신들의 자존감을 공격했다고 느꼈을 거예요.

니콜라스 크리스타키스 그럴 수도 있겠죠. 하지만 이미 19세기에 프랑스 사회학자 에밀 뒤르켐은 우리의 개인성이 얼마나 허술한지 보여주었습니다. 가장 개인적인 결정은 아마도 자살일 거예요. 당신은 이보다 더 개인적인 결정을 상상할 수 있나요? 그런데 실제로 몇백 년 전부터 프랑스인의 자살률은 종교와 관련이 있습니다. 개신교도가 더 많이 자살해요. 그 누구도 외딴 섬이 아닙니다. 이 사실은 인정합시다.

슈테판 클라인 사람들이 개인주의를 옹호하는 것은 사실 아주 새로운 현상이죠. 중세 사람들은 개인의 독립성을 추구해야 하는 이유를 거의 이해하지 못했을 겁니다. 아마 개인의 독립성이 무슨 뜻인지조차 몰랐겠죠.

니콜라스 크리스타키스 지난 몇백 년 동안 우리는 세계를 작은 부분들로 분해하는 작업을 아주 성공적으로 수행했습니다. 사람은 장기들로 이루어졌고, 장기는 세포들로, 세포는 분자들로, 또 분자는 원자들로 이루어졌죠. 똑같은 방식으로 우리는 사회를 가장 작은 단위인 개인들의 모임으로 간주해요. 그리고 그 원자들을 움직이는 힘을 알아내면 큰 전체를 이해할 수 있다고 생각했죠. 그런데 도리어 전체가 개별 부분에 미치는 영향이 얼마나 큰지가 점점 더 뚜렷하게 드러나고 있어요. 생물학에서도 그렇고 인간의 사회생활에서도 그래요.

슈테판 클라인 맞는 말이에요. 하지만 우리는 왜 제약 없는 자유라는 망상을 필요로 할까요?

니콜라스 크리스타키스 나도 그걸 알고 싶어요.

슈테판 클라인 어쩌면 우리가 우리의 행동에 대해 책임감을 느끼기 위해서일 거예요. 내가 자유롭게 결정한다고 스스로 믿으면, 나의 모든 행동을 올바로 해야 한다는 생각이 들죠. 그러면 도덕적 행동을 향한 강력한 동기를 갖게 되고요.

니콜라스 크리스타키스 하지만 그런 식으로 생각하다 보면 잘못된 대립을 설정하기 십상이에요. 누군가가 어떤 음식을 다 먹어치웠다면, 그 원인은 그 사람에게 있거나 아니면 환경에 있거나 식으로 둘 중 하나가 아니에요. 당연히 양쪽이 함께 작용합니다. 게다가 사회관계망이 도덕성 향상에 도움이 되는 경우도 많습니다. 예컨대 시카고에서는 폭력의 악순환을 막기 위한 프로그램이 운영되고 있어요. 누가 총을 맞아 죽으면, 곧바로 사회복지사들이 사망자의 친지들에게 달려가서 그들 전체가 보복을 단념하도록 설득하죠. 그렇게 설득하는 편이, 보복살인을 하면 감옥에 가거나 심지어 사형을 당한다고 위협하는 쪽보다 훨씬 더 효과가 좋습니다.

슈테판 클라인 대다수의 사람들은 각자가 오로지 자신의 양심에 따라서 내리는 결정을 도덕적 결정으로 간주합니다.

니콜라스 크리스타키스 나는 도덕이 '함께'에서 비로소 발생한다고 믿어요. 폭력뿐 아니라 공정함과 관대함도 전염되거든요. 우리가 수행한 한 실험에서 참가자들은 공동 계좌에 자발적으로 돈을 입금할 것을 거듭 요청받았어요. 그런데 매번 입금할 때마다 공동 참가자들이 바뀌게 되어 있었죠. 그런데도 참가자들은 자신이 앞서 다른 사람들에게서 받은 호의에 보답했어요. 결국 사회관계망 덕분에 모든 호의적인 행동 각각의 효과가 두 배 넘게 증폭되었습니다.

슈테판 클라인 오늘날 우리의 생각과 감정은 과거 어느 때보다 더 개인주의적인데, 다른 한편으로 우리가 점점 더 많은 사람과 관계망을 형성한다니, 참 기묘한 상황입니다. 페이스북을 비롯한 사회관계망서비스가 사람들의 사회생활을 변화시키나요?

니콜라스 크리스타키스 만약에 당신이 증조할머니에게 친구가 몇 명이냐고 물었더라면, 대답은 이런 식이었을 거예요. 가까운 친구가 두세 명, 덜 가까운 친구가 네댓 명, 그냥 아는 사이인 사람은 많다. 당신의 딸에게 물어봐도 마찬가지예요. 기술은 우리가 속한 관계망의 모습을 전혀 바꿀 수 없어요. 하지만 관계망의 형성을 용이하게 하는 것은 맞아요. 또 우리에게 새로운 가능성을 제공하고요. 예컨대 지금은 누구나 가상 세계에서 여러 정체성을 보유할 수 있죠.

슈테판 클라인 내 생각에는 온라인 관계망이 현실 세계에 충분히 영향을 미칠 수 있을 것 같아요. 2011년 '이집트혁명'만 봐도 알잖아요. 인터넷과 트위터가 없었다면, 그런 혁명을 상상할 수나 있었겠어요?

니콜라스 크리스타키스 거의 없었겠죠. 하지만 온라인 관계망은 정보를 전달할 뿐이지, 혁명의 열기는 전달하지 못합니다. 트위터는 과감한 봉기의 의지를 일으키지 않았어요. 다만 봉기의 조직화에 기여했을 뿐이에요.

슈테판 클라인 봉기의 의지와 봉기의 조직화를 따로 떼어놓을 수 있을까요? 어디에서 어떻게 동지들과 함께 거리로 나설 수 있는지를 더 잘 알면, 봉기를 실행할 가능성이 당연히 더 높아지겠죠.

니콜라스 크리스타키스 정말로 그런지 곧 알게 될 겁니다. 지금 여러 과학자들이 지난봄에 나온 트위터 데이터를 연구하는 중이니까요. 하지만 온갖 기술에도 불구하고 월등하게 강한 영향력을 발휘하는 것은 우리가 정기적으로 만나는 친구들입니다. 우리 팀이 대학생 1,700명의 페이스북 계정을 연구해서 얻은 결론이에요. 우리의 예상은 음악과 영화에 대한 그들의 취향이 온라인 관계망에서도 현실 세계에서와 마찬가지로 퍼져나가리라는 것이었어요. 그런데 실상은 영 딴판이었죠. 페이스북 친구가 다른 친구에게 〈더 킬러스〉의 음반이나 영화 〈펄프픽션〉을 권해서 성공하는 일은 오직 그 두 친구가 함께 찍은 사진이 인터넷 어딘가에 있을 때만 일어났어요. 다시 말해 두 사람이 현실 세계에서도 아는 사이일 때만 한 사람의 취향이 다른 사람에게 전파되었습니다.

슈테판 클라인 하지만 영화와 음악은 거의 항상 사람들이 함께 즐긴다는 점을 감안해야 할 것 같아요. 다른 취향은 온라인 관계망을 통해서도 잘 퍼져나갈 수 있을 거예요. 실제로 일부 공동체는 가상 세계에만 존재하잖아요. 인터넷 게임의 팬 집단이나 위키피디아를 저술하는 무수한 사람들을 생각해보세요.

니콜라스 크리스타키스 전파되는 것이 무엇이냐에 따라 전파의 효율이 달라지는 것은 확실한 사실이에요. 영화만 비교해도 일부 영화는 다른 영화보다 더 강한 전염성을 나타냅니다. 우리가 연구한 대학생들이 최고로 꼽은 영화 10편 가운데 가장 강한 전염성을 나타낸 작품은 〈굿 윌 헌팅〉이었어요. 반면에 〈반지의 제왕〉은 다른 친구에게 권해서 성공한 사례가 거의 없었고요. 이유가 뭘까요? 우리도 몰라요. 현재 많은 과학자들이 페이스북과 트위터에서 온갖 생각을 퍼뜨립니다. 과연 어떤 생각이 가장 잘 퍼져나가는지 알아보기 위해서죠. 문제는 우리 연구자들도 공개된 페이스북 데이터만 입수할 수 있다는 점이에요.

슈테판 클라인 무수한 사람들의 삶에 관한 방대한 지식을 극소수의 회사가 아무 통제 없이 움켜쥐고 있는 상황을 그냥 방치해서는 안 된다고 생각합니다.

니콜라스 크리스타키스 이런 상황이 계속되지는 않을 거예요. 100년쯤 전에 에너지와 물을 공급하는 회사들이 자체 망으로 미국을 뒤덮었을 때, 그 회사들은 무엇이든지 마음대로 할 수 있었죠. 지금은 그런 회사들이 강력한 규제를 받습니다. 인터넷 재벌도 그렇게 될 거예요. 회사가 어떤 데이터를 선별하고 저장해도 되는지, 사용자들에게 어떤 주의사항을 어떻게 전달해야 하는지, 어떤 정보를 반드시 공개해야 하는지 등이 법으로 규정되겠죠. 투명성이 필요하니까요.

슈테판 클라인 그 정도로 충분할까요? 교수님이 예상하는 세계에서는 사람들이 어떤 비밀도 가지지 못할 거예요. 얼마 전에 논문 한 편이 출간되었습니다. 논문의 저자는 유럽인 10만 명의 휴대전화 신호를 기초로 삼아서 그들의 움직임을 6개월 동안 추적했어요.

니콜라스 크리스타키스 중요한 것은 그런 데이터를 가지고 무엇을 하느냐는 겁니다. 당연히 지금도 광고업계는 그런 데이터를 엄청나게 탐내죠. 광고가 점점 더 정밀하게 개인 맞춤형으로 발전해서 사람들의 소비 욕구를 더 부추기게 될까 봐 나도 걱정입니다. 하지만 강력한 기술은 늘 어두운 면도 가지기 마련이에요. 핵분열은 우리에게 저렴한 에너지도 주었지만 원자 폭탄도 주었죠.

슈테판 클라인 좋은 예로군요. 원자로들이 노후화되지 않았을 때는 누구나 핵발전을 축복으로 여겼습니다. 하지만 지금은 많은 사람들이 저주로 여기죠. 어쩌면 지금은 온라인 관계망이 막 등장한 초기 단계여서 그 귀결을 짐작조차 할 수 없을지 몰라요.

니콜라스 크리스타키스 아마 당신의 말이 맞을 겁니다. 하지만 짐작조차 할 수 없는 가능성이 열리는 것도 사실이에요. 한번 상상해봅시다. 당신이 20년 전에 사회과학자에게 어떤 연구 장비가 있으면 좋겠냐고 물었다면 어떤 대답이 돌아왔을까요? 아마 "눈에 안 보이는 소형 헬리콥터가 엄청나게 많으면 좋겠다"는 대답이었을 거예요. 모든 사람 각각의 머리 위에 그런 헬리콥터 한 대를 띄워서 그 사람을 따라다니며 모든 말을 녹음하고 행동과 욕망까지 기록하려는 거죠. 지금 온라인에서는 그런 작업이 가능해요.

Wir könnten unsterblich sein

03

진화가 길을 잘못 든 거죠

우리의 몸은 한 마디로 대참사다. 원인은 우리의
유전적 특징들에 있다. 예컨대 근시가 되는 것도 그렇다.
이 사실에서 교훈을 얻을 때가 되었다고
의학자 "데틀레프 간텐"은 말한다.

Detlev Ganten

1941년 독일에서 태어났다. 유럽에서 손꼽히는 저명한 자연과학자 중 한 명으로, 베를린의 막스 델브뤼크 분자의학센터 초대 소장, 독일 자연과학자 및 의사 협회 회장, 베를린의 유명한 대학병원인 샤리테 병원 원장을 지냈다. 현재 헤르만 폰 헬름홀츠 연구회 재단 및 베를린 브란덴부르크 과학아카데미 부회장으로 있다. 국내 출간된 책으로 『지식(공저)』, 『우리 몸은 석기시대(공저)』가 있다.

데틀레프 간텐은 독일에서 가장 영향력이 큰 의학자 중 한 명이며, 내가 아는 한 최고 수준의 과학자 중에서 농업 보조원 자격증을 가진 유일한 인물이다. 그는 젊은 시절에 베저 강 하구에서 감자밭을 갈았다. 하지만 그곳에 오래 머물지는 않았다. 곧 의사가 되었고 캐나다로 나가 고혈압의 원인을 연구했다. 1991년 베를린 근처 부흐에 설립된 막스 델브뤼크 분자의학센터의 초대 소장을 맡은 그는 유전자 치료법의 개척자 중 한 명이었으며 그 후에는 베를린의 유명한 대학병원인 샤리테 병원의 원장을 지냈다.

현재 그는 세계건강정상회담World Health Summit을 주최하는 회장이다. 매년 베를린에서 열리는 이 국제회의에 참석하는 전문가들은 만인의 건강이 최고의 정치적 목표 중 하나로 격상하기를 바란다.

또한, 간텐은 우리의 조상들이 겪은 석기시대를 배경으로 삼아 인체를 고찰하는 의학을 적극적으로 옹호한다.

슈테판 클라인 간텐 교수님, 교수님은 인간의 몸을 가련하게 여깁니다. 교수님의 주장에 따르면, 인간의 몸은 여러 과제를 해결해야 하는데 그러기에는 형편없이 부적합하죠. 교수님은 자신을 실패작이라고 느끼나요?

데틀레프 간텐 꼭 그렇지는 않아요. 하지만 내가 최고의 피조물이라고 보지도 않죠. 나는 나의 한계를 받아들이려 노력합니다. 때로는 가련하다는 생각이 들지만.

슈테판 클라인 교수님처럼 자연을 불쌍하게 여기는 사람들이 극소수 있기는 합니다. 일찍이 19세기에 위대한 물리학자 겸 생리학자 헤르만 폰 헬름홀츠가 이런 악담을 했죠. "만약에 학생이 인간의 눈과 같은 실패작을 제출한다면, 나는 퇴짜를 놓을 것이다."

데틀레프 간텐 지당한 얘깁니다. 훌륭한 공학자라면 눈을 다르게 설계할 거예요. 적응력이 더 뛰어나고, 근시나 원시가 되는 일도 절대로 없게 말이죠.

슈테판 클라인 맹점도 없앨 테고요.

데틀레프 간텐 그러나 자연은 공학자가 아닙니다. 사실 나는 오랫동안 유전체 연구에 종사했어요. 그러다 보니 '맞춤아기(특별한 목적을 위해, 체외수정을 통해 얻은 여러 개의 배아 중 하나를 선별하여 태어나게 한 아기 – 옮긴이)'에 대한 질문을 자주 받았죠.

슈테판 클라인 최적의 인간은 어떤 모습일까요?

데틀레프 간텐 틀림없이 우리와 전혀 다를 겁니다. 우리는 하루에 여러 번 식사해야 하는데, 이것부터가 얼빠진 짓이에요. 광합성을 통해 빛을 에너지로 변환하는 기다란 녹색 귀가 있다면 만사 해결일 텐데 말이죠. 진화 과정에서 우리 조상이 전혀 다른 계통으로 접어들었어도 괜찮았을 거예요. 포유동물이 아니라 연체동물도 안 될 것 없죠. 우리가 연체동물이라면 척추가 없어서 요통에 시달릴 일도 없을 테니까. 하지만 연체동물이 되고 싶은 사람이 과연 있을까요? 나는 사양하겠어요. 아무튼 한계를 뛰어넘는 것은 중요한 경험입니다.

슈테판 클라인 물론 그렇죠. 하지만 어떤 환자가 우리 눈의 특이한 구조 때문에 불가피하게 일어나는 망막의 퇴화로 결국 실명했다면, 교수님은 그 환자에게 한계의 극복을 운운할 수 있을까요?

데틀레프 간텐 많은 장애는 당연히 견디기 어렵습니다. 하지만 그런대로 잘 작동하는 규범을 벗어나는 시도가 거듭되지 않았다면, 인류는 결코 발전하지 못했을 겁니다. 가변성은 진화의 주춧돌이에요. 가변성은 우리 모두를 유일무이하게 만들고 질병을 가능하게 하지요. 하지만 당신의 지적도 일리가 있어요. 내가 건강한 사람이기 때문에 너무 쉽게 말하는 경향이 있죠.

슈테판 클라인 교수님은 허리가 아파본 적도 없나요?

데틀레프 간텐 웬걸요. 나도 가끔 진화의 불가피한 부산물 때문에 짜증을 냅니다. 우리의 척추는 물고기에게서 왔어요. 약 5억 년 전에 물고기들은 근육이 달라붙는 지지대의 역할을 할 구조물이 필요했어요. 물고기들이 사는 물속 환경은 중력이 없으니까, 그런 구조물로 척추가 이상적이었죠. 하지만 그 후에 양서류와 파충류가 육지로 올라왔어요. 결국 직립보행이 등장했고요. 그런데 척추는 직립보행을 위해서는 턱없이 약해요. 하지만 자연은 물고기의 설계를 끝내 버리지 않았지요.

슈테판 클라인 버려야 할 이유가 없잖아요? 우리 대부분은 자식들을 낳고 나서 노년에 추간판 탈출증(속칭 '허리디스크'- 옮긴이)에 걸리니까.

데틀레프 간텐 전적으로 옳아요. 진화에서 궁극의 가치는 생존과 번식이죠. 우리 몸은 건강을 위해 설계되지 않았습니다. 하물며 우리가 노년에 안락하게 살지는 자연의 관심사가 전혀 아닙니다.

슈테판 클라인 사실 우리의 생식기관도 성능이 시원치 않아요. 벌써 출산 때부터 문제가 드러나죠. 예컨대 산모의 산도産道는 아기의 머리에 비해 너무 좁아요. 양질의 의료 체계가 없는 곳에서는 출산 과정에서 신생아 10명 중 한 명과 산모 50명 중 한 명이 사망합니다.

데틀레프 간텐 그런데도 진화 과정에서는 설계도를 변경할 필요성이 너무 미미했던 모양이에요.

슈테판 클라인 골반의 폭이 너무 넓으면 직립보행에 지장이 있죠.

데틀레프 간텐 그렇습니다. 그래서 출산의 고통을 감수하게 되었겠죠. 자연은 타협을 합니다.

슈테판 클라인 결국 채택되는 것은 최선의 해결책이 아니라 단점이 가장 적은 해결책이죠.

데틀레프 간텐 심지어 질병도 진화 과정에서는 장점일 수 있어요. 이런 사정을 과학적이고 체계적으로 연구하는 새로운 의학이 시급하게 필요합니다. 유럽인에게 가장 흔한 유전병 하나는 낭성섬유증Cystic fibrosis이에요. 20명 중에 한 명이 그 병을 일으키는 대립유전자를 지녔죠. 그 대립유전자가 홀로 있으면 아무 탈이 없어요. 하지만 자식이 낭성섬유증-대립유전자를 아버지와 어머니에게서 각각 하나씩 받아서 두 개를 가지면, 자식의 기관지 안에서 끈적끈적한 점액이 생겨나요. 이런 낭성섬유증 환자는 젖먹이 때부터 산소 결핍에 시달리죠. 그래서 20년 전만 해도 곧 사망했지만 지금은 성년에 도달합니다. 그런데 그 결함 있는 유전자가 왜 일찌감치 사라지지 않았을까요? 그 유전자가 과거에 폐결핵과 콜레라 같은 감염병을 막는 구실을 했기 때문으로 보입니다. 그런 전염병이 발생했을 때, 낭성섬유증-대립유전자를 보유한 사람들은 무사히 살아남을 확률이 더 높았어요. 지금 우리는 여전히 치유할 수 없는 병에 시달리며 그 대가를 치르는 중이고요.

슈테판 클라인 하지만 자연만 탓할 일은 아니라고 봐요. 도시가 없다면, 전염병도 없어요. 낭성섬유증-대립유전자는 사람들이 점점 더 밀집해서 살기 시작하고 전염병들이 신속하게 퍼질 수 있게 되면서 비로소 살아남을 기회를 얻었습니다. 우리 조상들이 문화를 통해 우리의 유전자를 바꾼 거예요.

데틀레프 간텐 옳은 지적입니다. 유전체는 우리가 오랫동안 생각해온 것보다 훨씬 더 가변적이에요. 우리는 이 사실을 유전체 해독에 성공하면서 처음 알았어요. 지난 몇 년 동안에 우리는 진화를 새롭게 이해하게 되었습니다.

슈테판 클라인 나는 술을 좋아하는데요, 어디에선가 우리의 알코올 소화 능력에 관한 한 추측을 접하고 깜짝 놀랐어요. 우리 몸이 알코올을 소화할 수 있게 된 것은 아주 최근에 일어난 유전적 적응 덕분이라더군요. 우리 조상들이 본격적으로 우리를 술꾼으로 양성했다는 거죠.

데틀레프 간텐 그건 유럽에서만 그래요. 19세기까지도 유럽에서는 알코올이 소독제이기도 했어요. 식수에 세균이 생기는 것을 막기 위해서 알코올을 탔죠. 사람들은 물보다 포도주나 맥주를 더 선호했어요. 1670년경 영국에서는 아동까지 포함해서 한 사람이 하루에 3리터 이상의 술을 마셨습니다. 알코올을 소화하는 능력이 부족한 사람은 낙오자가 되었겠죠. 그래서 알코올 소화 능력을 향상시키는 변형 유전자들이 현재 유럽인들 사이에서도 널리 퍼져있다고 추정할 수 있어요. 반면에 아시아에서는 진화가 정반대로 작용했을 가능성이 있어요. 간염이 만연한 곳에서 알코올은 위험을 가중시키거든요. 그래서 많은 아시아인은 술을 소화하는 능력이 현저히 떨어집니다. 그런 사람들은 날 때부터 알코올 분해 효소가 부족해요.

슈테판 클라인 진화는 지금도 계속되고 있습니다. 불과 3년 전에 어느 미국 연구팀이 밝혀냈는데, 오늘날의 여성들은 체격이 다부지고 혈액검사 수치가 좋을수록 더 많은 아기를 낳는답니다. 이 특징들은 다음 세대로 전달되고요. 이런 방향의 진화가 계속되면, 미래의 사람들은 겉보기에는 좀 통통하더라도 심근경색을 걱정할 필요는 없을 겁니다. 이 경우에 자연은 우리를 돕는 걸까요?

데틀레프 간텐 나는 회의적입니다. 왜냐하면 진화는 목표가 없기 때문이에요. 게다가 인간이 전 세계를 무대로 활동하기 시작한 이래로 진화의 메커니즘이 달라졌어요. 우리 조상들은 대체로 닫힌 공동체 안에서 살았습니다. 그런 공동체에서는 새로운 특징이 일단 대세가 될 수 있었어요. 예컨대 한 부족 공동체에 기근이 닥쳐서 두 명 중에 한 명이 죽는다면, 그 부족의 유전물질이 신속하게 변화할 수 있죠. 그런 닫힌 집단에서는 가장 잘 적응한 개체가 살아남을 확률이 실제로 가장 높아요. 반면에 오늘날에는 사람들의 유전자가 모든 대양을 건너

뒤섞입니다. 그래서 유전자풀이 확장되었어요. 게다가 오늘날에는 번식의 기준과 배우자 선택 메커니즘도 문화의 영향을 받죠. 그래서 새로운 변형이 대세로 자리 잡기가 훨씬 더 어려워졌습니다. 우리에게 이로운 변형이라 하더라도 말이죠. 우리 조상들은 대체로 닫힌 집단 안에서 살았습니다. 그런 집단에서는 가장 잘 적응한 개체가 살아남을 확률이 확실히 더 높고요.

슈테판 클라인 최초의 인간들이 등장한 이래로 인간의 신체 구조도 변했고 세계도 변했습니다. 그런데도 교수님은 지난 200만 년 동안 인간이 처했던 생활조건을 중요하게 고려해야 한다고 주장합니다. 그러면 많은 불행을 피할 수 있다면서요. 그 근거가 뭐죠?

데틀레프 간텐 진화는 아주 느린 반면에 문명의 속도는 엄청나게 빠르기 때문입니다. 100년 전에는 세계 인구의 10퍼센트가 도시에 살았지만, 머지않아 세 명 중 한 명이 인구 4,000만 이상의 대도시에서 살게 될 겁니다. 우리가 몇 가지 점에서는 이런 변화에 적응했을 수도 있겠지만, 지금도 우리의 골수에는 석기시대가 들어있습니다. 이 사실을 고려하지 않으면, 여러 질병과 곤란을 겪게 되죠.

슈테판 클라인 그래서 다시 동굴에서 살자는 말씀인가요?

데틀레프 간텐 나는 현대화된 베를린에서 사는 게 좋습니다. 석기시대의 삶은 짧고 고됐죠. 석기시대의 식단도 나는 권할 생각이 전혀 없어요. 각종 뿌리와 애벌레를 최고의 식품으로 권하는 도인들이 있는데, 영양학도 모르고 우리의 내력도 모르는 분들이에요. 오히려 내가 바라는 것은 우리 자신을 진화의 산물로 이해하면서 그에 걸맞게 새로운 생활양식을 개발하는 거예요.

슈테판 클라인 이를테면 어떤 생활양식을 생각하는지…….

데틀레프 간텐 베를린을 이해하려면 반드시 베를린의 역사를 알아야 합니다. 우리 몸도 마찬가지예요. 예컨대 우리의 면역계는 더러운 세계를 상대하게 되어있어요. 우리의 면역계가 병원체들과 함께 진화했기 때문에, 우리는 면역계를 훈련하기 위해 끊임없이 박테리아, 곰팡이, 바이러스, 오물을 상대할 필요가 있습니다. 오늘날 알레르기 환자가 점점 더 늘어나는 것은 우리가 낯선 물질과 접촉할 기회가 너무 줄어든 것과 관련이 있다고 추정됩니다.

슈테판 클라인 독일 슈퍼마켓에 가보면 어디든지 과일보다 세제가 더 다양하게 진열되어 있죠. 면역계가 할 일이 없으면 오작동을 일으키는데도.

데틀레프 간텐 바로 그겁니다. 그런데도 우리는 잘 먹는 것보다 청결에 더 큰 가치를 두는 것 같아요.

슈테판 클라인 내 몸을 방어하는 면역계가 무해한 먼지와 싸우거나 심지어 내 몸과 싸우는 일까지 벌어지죠. 혹시 너무 깨끗한 생활환경도 류머티스 관절염 같은 자가면역질환의 한 원인일 수 있을까요?

데틀레프 간텐 맞습니다. 심지어 많은 종류의 암도 면역계가 제대로 작동하지 못하기 때문에 발생해요. 암세포로 변한 세포들을 격리하고 죽이는 메커니즘이 작동하지 않으면, 종양이 성장하죠. 하지만 이 분야에 대한 지식도 아직 너무 부족합니다.

슈테판 클라인 교수님의 추측이 옳다면, 우리는 감염으로 죽는 일을 거의 없앤 대가로 큰 비용을 치르는 셈입니다. 감염병을 퇴치한 것은 위생 덕분이니까요. 교수님은 이 성취를 정말 포기하고 싶은가요?

데틀레프 간텐 천만에요. 하지만 깨끗한 도시환경은 다른 위험을 불러오니까, 위생과 면역계 훈련 사이에서 균형을 맞출 필요가 있습니다. 예컨대 기생충은 대개 깨끗하지 않은 식품과 함께 몸속으로 들어오는데요, 어릴 때 장 속에 기생충이 있었던 사람은 면역계의 기능이 특히 좋아요.

슈테판 클라인 실제로 지금도 일부 의사들은 자가면역질환을 치료하려고 일부러 환자를 편충에 감염시킵니다. 선도적인 임상연구들에서 좋은 결과가 나왔다고 하고요.

데틀레프 간텐 거머리도 의료계에서 제2의 전성기를 누리고 있어요.

물론 나는 현재로서는 거머리를 이용한 치료를 받을 생각이 없지만요. 내가 무조건 권할 수 있는 것은 아이들을 땅바닥에서, 때로는 오물 속에서 실컷 놀리라는 거예요. 그러면 면역계가 강해지니까. 우리가 아는 한, 이보다 더 좋은 알레르기 예방법은 없습니다. 아이들은 맨발로 똥 더미를 밟고 다녀야 해요! 나한테는 아주 익숙한 일인데…….

슈테판 클라인 교수님은 김나지움(독일의 인문계 중등학교 - 옮긴이)에 다니다가 농부가 되려고 학업을 중단했습니다. 왜 그랬나요?

데틀레프 간텐 부모님과 같이 사는 집이 부르주아적이었는데, 그 분위기에 반항한 거죠. 때마침 삼촌이 자기 농장에서 수습 과정을 밟고 나중에 농장을 맡으라고 제안하더군요. 그래서 끔찍한 성적표를 들고 학교를 떠나 그때까지 바이올린만 연주해본 가녀린 손으로 말에 멍에를 메우고 쟁기를 연결하는 법을 배웠죠. 그때가 1957년이었는데, 그 마을에는 트랙터가 한 대도 없었어요. 그런데 시간이 흐르면서 농업에 대한 열정이 식더군요. 농장에 사촌이 새로 들어오기도 했고. 그래서 난 다시 학교로 복귀했죠. 한데 정말 놀랍게도 내 성적이 곧바로 훨씬 더 좋아졌습니다. 그때 알았죠. 성적은 지식과는 거의 상관이 없고 의욕과 깊은 상관이 있다는 걸. 농장에서 진하게 고생을 해보고 나니까 공부는 일도 아니더라고요. 완전히 놀이 같았어요. 그때 이후 내가 한 모든 일이 그렇게 느껴졌어요.

슈테판 클라인 그 농장이 그리웠던 적은 없나요?

데틀레프 간텐 나는 지금도 농사를 사랑합니다. 하지만 오랫동안 농장에 복귀할 생각은 없어요. 농장에서 많이 배웠어요. 먹을거리의 가치와 생명과 죽음에 대해서. 도축은 농장에서 그냥 일상사예요. 사람이 죽으면 시체를 들것 위에 눕혀놓고요. 아이들도 곁에서 함께 지켜봐요. 아무도 시체를 무서워하지 않죠. 장례는 확고한 절차에 따라 엄숙하게 진행됩니다. 이어서 다 함께 밥을 먹고 다시 일하러 가고요. 이 자연스러운 과정이 나에게는 인상적이었어요. 도시에서는 이 모든 일이 장례식장의 흰 문짝 너머에서 일어나죠.

슈테판 클라인 현대 의학이 그런 경험을 완전히 봉쇄해요. 몸을 단지 엄청나게 복잡한 기계로 보거든요. 한 부분이 고장 나면, 바로 그 부분을 수리하죠. 인간과 세계의 관계에 대해서는 아무 관심도 없어요. 많은 환자들은 이런 태도에 몸서리를 칩니다.

데틀레프 간텐 사실 많은 의사들은 그런 태도 말고는 배운 것이 전혀 없어요. 우리 의학이 너무 심하게 치료에 치중하고 있는 거죠. 점점 더 많은 사람들이 일단 병에 걸리게 방치한 다음에 치료하거나 최소한 치료하려 애쓰는 식의 의학은 머지않아 한계에 도달할 겁니다.

슈테판 클라인 그렇게 말씀하니까 교수님이 불과 몇 년 전과는 퍽 달라졌다는 느낌이 드네요. 독일의 대형 분자의학센터 한 곳의 소장을 맡았을 때 교수님은 환상적인 치료법을 예견했죠. 의사들이 지금 환자의 몸에 인공고관절을 이식하듯이 미래에는 환자의 유전자를 교체하게 될 거라고.

데틀레프 간텐 교체하고 나면 환자는 자신이 과거에 병든 유전자를 가지고 있었다는 것조차 느끼지 못할 거라고도 했죠. 맞아요, 그때 우리 생각은 그렇게 단순했어요. 기본 개념이 대단했던 것도 사실이고요. 연구의 진보에 열광하는 분위기에 우리도 휩쓸려버렸던 거죠. 막스 델브뤼크 분자의학센터는 유전자 치료를 구상하고 실험한 최초의 연구소 중 하나였습니다. 나는 그때의 나 자신을 비난하지 않아요. 과학자는 열정이 있어야 해요. 의학사에는 멋진 성공 사례들이 있고요. 하지만 단순한 발상만 가지고 덤비다가 고꾸라진 사례도 숱하게 많죠. 유전자 치료는 몇몇 희귀병에 대해서 효과가 입증되었습니다. 그렇지만 유전자 치료 덕분에 인류의 건강이 유의미하게 향상되는 일은 없을 거예요.

슈테판 클라인 내가 보기에 현대 의학은 단순한 원인에 맞서 싸울 때는 유능해요. 예컨대 감염에 대처할 때 그렇습니다. 감염원을 알아내고, 백신을 접종해요. 그러면 해당 감염병은 전혀 발생하지 않죠. 하지만 대다수 질병은 복잡해요. 병이 복잡할수록, 의사는 더 무능해지고요. 두어 달 전에 내가 눈 수술을 받았어요. 집도의가 그러더군요. 사실 나의 문제는 눈 근육을 제어하는 뇌의 기능에 있는데, 안타깝게도 현대 의학은 그 문제를 제대로 이해하지 못한대요. 그래서 근육 몇 개의 길이를 줄였다고요. 효과는 있어요. 하지만 이건 무식하고 볼품없는 방법이잖아요.

데틀레프 간텐 효과가 있으면, 옳은 겁니다! 정형외과에서 부러진 뼈에 못을 박을 때 쓰는 망치를 본 적 있어요? 무식하게 생겼습니다. 하지만 효과 만점이에요.

슈테판 클라인 문제가 단순하니까 그렇죠. 많은 사람을 괴롭히는 복잡하고 중한 병 앞에서 의사들은 여전히 무능해요. 류머티즘, 알츠하이머, 암을 생각해보세요.

데틀레프 간텐 하지만 몇몇 증상을 완화하는 기법은 더 향상되었습니다. 진정한 의미의 의학적 진보도 당연히 있고요. 고혈압은 거의 부작용 없이 다스릴 수 있고, 백혈병으로 죽는 아동은 크게 줄었습니다. 효과적인 고지혈증 치료제, 진통제, 향정신성 의약품도 개발되어있고요. 물론 의사가 이런 약들의 장기적인 효과를 잘 모르고 처방하는 경우가 많기는 하지만요. 항생제의 종류도 내가 의사 일을 시작할 때보다 훨씬 더 많아졌어요. 그런데도 감염병 치료 분야는 상황이 악화되고 있어요. 항생제가 안 듣는 균이 점점 더 많이 나타나기 때문이에요.

슈테판 클라인 의학 발달이 건강의 향상에 과연 얼마나 기여하는 걸까요? 내가 인상적으로 본 연구들에 따르면, 티푸스, 폐렴, 홍역이 잦아든 것은 의사들 덕분이 전혀 아니랍니다. 이 병들에 걸린 환자의 수가 예방 접종도 없고 항생제도 없던 100여 년 전에 이미 줄었다는 거예요. 이 병들이 감소한 원인은 오히려 위생과 교육의 향상이었다는 거죠.

데틀레프 간텐 맞습니다. 여기 샤리테 병원에서 일한 위대한 의사 루돌프 피르호는 이미 19세기에 자유, 교육, 복지를 촉구했어요. 건강을 위해서는 의학 말고도 훨씬 더 많은 것들이 필요합니다.

슈테판 클라인 우리의 생활방식이 암, 심근경색, 당뇨병 같은 질병들에 지금까지 생각한 것보다 훨씬 더 큰 영향을 미친다는 증거가 지금은 산더미처럼 쌓여있습니다. 매일 30분씩 운동하고 균형 잡힌 식생활을 하면, 이 병들에 걸릴 위험이 최대 80퍼센트까지 줄어들죠. 분자생물학 연구에서 이 정도의 성취는 단지 꿈일 뿐이지만요. 어쩌면 지금 의학이 틀린 방향으로 가고 있는 것 같아요. 몸을 더 잘 치료하는 것이 의학의 최고 목표여선 안 된다는 생각이 드는군요.

데틀레프 간텐 당신이 뇌졸중에 걸렸다면, 가능한 최고의 치료를 받고 싶지 않겠어요?

슈테판 클라인 당연히 받고 싶죠. 하지만 나는 애당초 뇌졸중에 안 걸리는 게 더 좋아요. 매년 독일에서만 50억 유로(약 6조 3,000억 원 - 옮긴이) 이상의 돈이 의학 연구에 들어갑니다. 그 돈을 유치원, 학교, 사회적 약자를 위한 지원에 쓴다면…….

데틀레프 간텐 사람들이 더 건강해지겠죠. 그렇지만 양쪽 다 필요합니다. 최대한 많은 돈을 우리 몸에 대한 연구에 투입하는 것은 독일처럼 부유한 나라의 최우선 과제예요. 우리 인간에게는 그 연구가 최소한 우주탐사만큼 중요합니다. 물론 전 세계의 70억 인구가 첨단 치료의 혜택을 받는 것은 솔직히 불가능할 겁니다. 그래서 미래 의학은 무엇보다도 예방에 주력해야 할 거예요. 질병 치료뿐 아니라 건강에도 관심을 기울이게 되겠죠.

슈테판 클라인 교수님이 말하는 건강이란 무엇일까요?

데틀레프 간텐 당신은 스스로 건강하다고 느끼나요?

슈테판 클라인 살짝 아픈 곳이 한두 군데 있지만, 건강하다고 느껴요.

데틀레프 간텐 또 남들이나 당신 자신이 당신에게 기대하는 바를 해낼 수 있고요? 그렇다면 당신은 내가 보기에 대체로 건강합니다.

슈테판 클라인 교수님의 정의에 따르면, 사장이 바라는 만큼 또 어쩌면 자기 스스로 바라는 만큼 신속하게 일을 처리하지 못하는 직장인은 누구나 병든 셈이겠네요. 그런 직장인이 병원에 찾아오면 각성제를 처방하겠어요?

데틀레프 간텐 아뇨. 그랬다가는 정말로 병들 텐데, 그러면 안 되죠. 건강이 무엇을 의미하는지는 사실 단언하기 어려워요. 더구나 측정하기는 불가능하고요. 무슨 말이냐면, 어떤 사람의 몸이든지 충분히 자세히 들여다보면 시한폭탄이 한두 개 발견되기 마련이에요. 하지만 어떤 경우에도 건강을 명분으로 당사자에게 부담을 지우면 안 되죠.

슈테판 클라인 전적으로 동의합니다. 이미 많은 현대인이 건강 위협에 시달리거든요. 이건 뭐, 테러 위협은 저리 가라 에요. 교수님은 그들의 불쾌감을 이해하나요?

데틀레프 간텐 과거에 나는 우리 병원 앞에서 담배를 피우는 사람을 보면 퉁명스럽게 한마디 했죠. 그러면 사람들은 담배를 물고 뒷문 쪽으로 자리를 옮겼고요. 요새는 그냥 놔둬요. 건강은 강요할 수 없어요. 과오를 범할 자유를 남겨둬야 합니다. 오래 살기 싫은 사람도 있을 수 있겠죠. 그건 당사자가 선택할 몫이에요. 하지만 이 경우에도 짧은 삶이 스스로 선택한 바여야 한다는 점이 중요해요. 의사는 조언을 통해서, 환자가 자신의 행동이 가져올 결과를 알도록 도와야 합니다.

슈테판 클라인 흡연이 가져올 결과를 모르는 흡연자가 어디 있겠습니까. 오히려 문제는 건강을 위해서 얼마나 큰 대가를 지불할 의향이 있느냐 하는 것이죠.

데틀레프 간텐 아무튼 대다수 사람들은 건강을 최고로 꼽습니다. 당신은 새해를 맞거나 생일잔치에 가면 친구들에게 어떤 인사말을 건네나요? 솔직히 나도 어릴 때 담배를 피웠어요. 금기를 깨는 재미 때문이었죠. 내가 보기에 더 위험한 것은 건강을 해치는 행동을 아예 작심하고 부추기는 경우가 많다는 점이에요. 예컨대 지난번 유럽축구선수

권대회 기간에 어느 초콜릿 회사는 초콜릿을 가장 많이 먹은 소비자에게 상으로 독일국가대표팀 유니폼을 줬어요.

슈테판 클라인 킨더리겔(독일에서 대표적인 아동용 초콜릿 상품 – 옮긴이) 쿠폰 500장을 제출한 사람이 국가대표팀 유니폼을 받았죠. 그 쿠폰을 그만큼 모으려면, 버터 열여덟 덩어리에다가 설탕을 5킬로그램 넘게 먹어야 하는데.

데틀레프 간텐 우리가 학교와 유치원에 가서 이런 마케팅이 무엇을 의미하는지 설명해야 한다고 봐요. 무슨 건강 전도사가 되자는 뜻이 아니라, 아이들에게 비판과 자기비판의 능력을 심어주자는 거예요. 아이들이 꼬마 과학자가 되도록 돕자는 거죠.

슈테판 클라인 하지만 그러면 진화에 의해 각인된 우리의 본성에 맞서 싸우는 셈이잖아요. 우리가 단것에 이토록 열광하는 것도 따지고 보면 먼 조상으로부터 물려받은 특징이니까요.

데틀레프 간텐 우리 조상들에게 신속한 에너지 섭취는 생존에 이로운 행동이었죠. 진화의학이 등장하면서 비로소 우리는 우리가 어떻게 병드는지 뿐 아니라 왜 병드는지도 이해하게 되었어요. 그리고 그런 식으로 더 큰 맥락 안에서 건강을 고찰할 때만 사람들은 자신의 습관을 고칠 겁니다. 물론 진화의학이 만병통치약일 리는 없겠죠. 미래에도 대다수 사람들은 너무 일찍 죽음을 맞을 겁니다.

Wir könnten unsterblich sein

04

한 살짜리도 통계를 따집니다

아이들은 창조적이고 똘똘하고 호기심이 많다.
발달심리학자 "앨리슨 고프닉"이 보기에 아이는 천재이자
어른의 모범이다.

Alison Gopnik

1955년 미국에서 태어났다. 현재 버클리 소재 캘리포니아 대학교에서 심리학 및 철학 교수로 있다. 아동의 학습과 인지발달 분야에서 세계 최고의 권위자로 손꼽히며, 최초로 아이의 마음이 인간 존재의 철학적 의문을 해명하는 데 도움이 된다는 주장을 학계에 제기했다. 국내 출간된 책으로 『우리 아이의 머릿속』, 『요람 속의 과학자(공저)』, 『아기들은 어떻게 배울까(공저)』, 『마음의 과학(공저)』 등이 있다.

당신이 아이에서 어른이 된 과정을 대다수 사람들은 진보로 여기지만, 앨리슨 고프닉은 그 과정이 상실의 역사이기도 하다는 입장이다. 그녀는 아이를 나비에, 어른을 애벌레에 비유한다. 우리의 지성은 한때 훨훨 날았지만 어른이 된 지금은 바닥을 기어 다닌다는 것이다.

우리에게 무슨 일이 일어난 것일까? 미국 발달심리학자 고프닉은 30년 전부터 아동의 사고를 연구해왔다. 그녀는 다보스 세계경제포럼에서 부모, 교사, 지도자를 청중으로 삼아 여러 조언을 건넸다. 그러나 그녀 자신은 그 조언이 연구의 부산물에 불과하다고 본다. 왜냐하면 고프닉은 유년기를 이해하고 싶다기보다는 인간의 삶 전체를 이해하고 싶기 때문이다. 현재 그녀는 버클리 소재 캘리포니아 대학교에서 심리학교수직과 철학교수직을 맡고 있다.

우리는 대학 캠퍼스에서 돌을 던지면 닿을 거리에 위치한 그녀의 낡은 목조 가옥에서 만났다. 아들 셋이 독립하고 나니까 집이 쥐죽은 듯 고요해졌다고 그녀는 말했다. 그날 오후에 4개월 된 첫 손자가 올 예정이었다.

슈테판 클라인 고프닉 교수님, 교수님은 혹시 가능하다면 다시 아이가 되고 싶은가요?

앨리슨 고프닉 나는 아주 만족스러운 유년기를 보냈어요. 가능하다면 일주일 동안 다시 한 번 세 살짜리의 눈으로 세상을 보고 싶네요. 그러면 내 연구가 쉬워질 것 같아요. 하지만 계속 아이로 머문다면? 아마 나는 그 강렬한 느낌을 견뎌내지 못할 것 같아요. 상상해보세요. 당신이 난생처음 파리를 구경한다. 그러면서 연애 문제로 고뇌한다. 게다가 골루아제(프랑스산 담배 – 옮긴이) 한 갑을 다 피우고 에스프레소 석 잔을 마셨다. 이 상태가 아기의 삶과 비슷해요. 뇌를 검사해보면 이 사실을 추론할 수 있어요. 내 생각에 아기의 삶은 상당히 버거울 거예요.

슈테판 클라인 어째서 세 살짜리를 아기라고 부르죠?

앨리슨 고프닉 내 기준에서는 뺨이 포동포동하고 발음이 어눌한 아이는 다 아기예요. 다섯 살 미만은 전부 아기죠. 영어에는 그런 아이를 가리키는 단어가 '아기Baby' 말고는 없어요.

슈테판 클라인 독일어에는 '어린아이Kleinkind'라는 말이 있거든요.

앨리슨 고프닉 그 점에서는 독일어가 영어보다 낫네요. 다른 한편으로 '아기'라는 호칭은 다섯 살 미만의 아이에 대한 우리의 감정과 아주 잘 어울려요. 특별한 호감과 배려가 담긴 호칭이거든요. 그래서 미국인은 특별히 사랑하는 상대라면 어른이라도 '아기'라고 부르죠.

슈테판 클라인 내 아들이 두 살이고 딸이 네 살인데, 누가 걔들을 '아기'라고 부르면 어휴, 난리가 날 걸요! 걔들은 자기보다 6개월 이상 어린아이를 얕잡아서 '아기'라고 부르거든요.

앨리슨 고프닉 당연해요. 가장 인기 있는 동화 중 다수는 아이가 어른 없이 혼자서 세상을 돌아다니는 얘기죠.

슈테판 클라인 맞아요. 『말괄량이 삐삐』도 그렇고, 『정글북』도 그렇고.

앨리슨 고프닉 아이들은 독립하고 싶어 해요. 유년기를 벗어나고 싶어 하죠. 그 시절을 미화하는 건 어른이 된 다음에야 누릴 수 있는 사치예요.

슈테판 클라인 그렇게 미화하더라도, 어른이 상상 속에서 다시 한 번 유년기에 도달할 수 있는 건 아니라고 교수님은 주장합니다. 아이와 어른은 전혀 달라서 마치 인간 종에 두 가지 형태가 있는 것과 같다고요. 어떻게 이런 주장에 이르게 되었나요?

앨리슨 고프닉 많은 사람은 아이를 결함이 있는 어른으로 여깁니다. 교사, 뇌 과학자, 철학자가 다 그런 입장이죠. 심지어 사상 최초로 아동의 지성을 진지하게 탐구한 위대한 발달심리학 개척자 장 피아제도 주로 아동의 결함을 기술했지, 아동이 어른보다 나은 점을 기술하지 않았어요. 하지만 자연은 인간에게 삶의 어느 단계에서든지 특정한 장점을 주는 대가로 특정한 약점도 부여할 개연성이 훨씬 더 높습니다. 그래서 차이가 생겨요. 애벌레도 결함이 있는 나비가 아니잖아요.

슈테판 클라인 그래도 아이들은 우리랑 닮았잖아요.

앨리슨 고프닉 겉보기엔 그렇죠. 하지만 발달심리학이 왜 이렇게 재미있을까요? 화성인이 없기 때문이에요. 당신이 우리와 다른 종류의 지적 존재를 탐구하려 한다고 해봅시다. 화성인이 없으니, 차선의 연구 대상은 누구겠어요? 몸은 작고 머리는 큰 존재. 바로 아기예요. 두 살짜리의 삶은 말 그대로 우리의 짐작과는 전혀 다릅니다. 게다가 그 외계인들이 우리를 조종하기까지 해요. 흔히 우리도 모르는 사이에.

슈테판 클라인 아이들이 어른들보다 의식이 더 환하다고 주장하니 놀랍군요. 교수님의 주장은 정확히 어떤 뜻일까요?

앨리슨 고프닉 철학자들의 견해에 따르면 의식은 종류가 다양해요. 자기 내면의 상태에 주의를 집중하는 의식이 있는가 하면, 외부 세계에 주의를 집중하는 의식도 있어요. 데카르트가 "나는 생각한다, 고로 존재한다"라고 말할 때 염두에 둔 건 첫 번째 의식이죠. 그런데 자기 생각과 느낌에 푹 빠진 사람은 주위 환경을 완전히 지워버립니다. 한번은 내가 연구에 몰두하고 있을 때, 아이들이 나를 가지고 놀았어요.

대충 이렇게 외치는 거예요. "엄마, 마당에 퓨마가 나타났어!" 나는 건성으로 "응, 그래, 알았어" 라고 했거든요. 아이들은 그 대답을 듣고 깔깔거렸죠. 나는 아이들이 뭐라고 외치는지 몰랐던 거예요.

슈테판 클라인 말 그대로 교수님의 마음이 콩밭에 가 있었군요.

앨리슨 고프닉 그런데도 우리는 그런 상태를 가장 고양된 의식으로 간주합니다. 정반대로 주위 환경에 완전히 몰두하는 대가로 내면의 잡담과 성찰을 포기하는 경우도 있어요. 바로 아기의 상태가 그래요. 이 상태가 더 환한 의식일까요, 아니면 더 침침한 의식일까요? 적어도 더 각성한 의식이라고 나는 봅니다.

슈테판 클라인 우리 가족이 동물원에 가면요, 네 살짜리 딸은 파충류가 아무리 완벽하게 위장을 해도 어김없이 찾아내요. 그런데 여덟 살 먹은 언니는 약간 산만해서 그런지 아무리 봐도 안 보인다는 거예요. 애들의 성격이 달라서 그러려니 했는데, 어쩌면 나이가 달라서 그런지도 모르겠네요.

앨리슨 고프닉 어린아이가 더 잘 찾아낸다는 건 여러 실험에서도 입증됐어요. 뿐만 아니라 내가 어느 백화점 경비원에게서 들은 얘긴데, 한번은 그 사람이 발코니에 숨어서 매장을 감시했대요. 어른들은 아무도 그를 알아채지 못했죠. 그런데 다섯 살 미만의 아이들은 그에게 손을 흔들어 인사하더랍니다. 우리가 아이들에게서 얼마나 많은 것을 배울 수 있는지 보여주는 사례인 셈이죠. 안타깝게도 전형적인 철학자는 지금도 안락의자에 앉아서 홀로 자신의 정신에 대해 숙고해요. 그러니 다른 존재의 다양한 의식 상태는 관심 밖일 수밖에 없죠.

슈테판 클라인 하지만 대다수의 사람들은 무엇보다도 자신에 대해서 무언가 알고 싶어 합니다. 그런데 아이들이 어른과 전혀 다르게 지각하고 생각하고 느낀다면, 우리 정신의 수수께끼들을 푸는 데 아이들이 도움이 될 수 있을까요?

앨리슨 고프닉 한 생물을 이해하려면 그것의 발달 단계를 알아야 한다는 인식이 생물학자들 사이에서 점점 더 확고해지고 있습니다. 우리의 정신도 마찬가지라고 나는 믿어요. 우리가 세계에 대해서 아는 지식 중에 얼마나 많은 부분이 천성적일까요? 우리가 살면서 비로소 배워야 하는 것은 무엇일까요? 우리의 도덕감은 어디에서 유래할까요? 이런 질문에 답하려면 반드시 우리의 유년기를 이해해야 합니다.

슈테판 클라인 천성적인 지식이나 그 비슷한 것이 있느냐 하는 물음은 아주 오래되었습니다. 이미 고대 그리스 철학자들도 이 물음을 숙고했죠.

앨리슨 고프닉 지금은 명확히 밝혀졌는데, 아기는 관련성을 추론하는 솜씨가 정말 뛰어납니다. 한 살만 되어도 벌써 일종의 통계학을 무의식적으로 수행해요. 흔한 사건과 드문 사건을 구분하고 거기에서 규칙을 도출할 수 있죠. 세 살짜리는 원인과 결과를 생각할 줄 알고요. 손에 닿는 온갖 것들을 가지고 놀면서 원인과 결과의 개념을 획득하는 거예요.

슈테판 클라인 그렇다면 천성적인 지식은 없더라도 경험을 어떻게 질서 있게 정리할 것인가에 관한 천성적인 규칙은 있는 것 같네요. 어떤 대상과 마주치든 간에 우리는 그 대상을 개연성과 원인과 결과의 틀에 맞추려 하니까요. 이런 틀에 맞지 않는 대상은 우리에게 불가사의로 남고요. 임마누엘 칸트가 17세기에 정확히 이런 추측을 했죠.

앨리슨 고프닉 예, 하지만 범주들이 고정되어있는 것은 아니에요. 9개월 된 아기는 개연성을 18개월 된 아기나 어른과 다르게 이해합니다. 아이들은 근본적으로 과학자와 똑같은 방식으로 세계를 탐구하지요. 아이들의 이론은 끊임없이 바뀝니다.

슈테판 클라인 아이들이 집안을 자꾸 엉망으로 만드는 것이 탐구 활동의 일환이라니, 무척 위로가 되기는 합니다만, 교수님은 세 아들의 어머니로서 그런 철학적 관점을 바탕에 깔고 평정심을 유지할 수 있던가요?

앨리슨 고프닉 나는 어차피 산만하고 툭하면 마음이 콩밭에 가거든요. 그래서 어린아이들과 함께 살면서 동시에 과학자로서 성공을 추구하는 것이 어렵지 않았어요. 나는 내 주변이 엉망인 것이 아주 자연스러워요. 독일 사람은 좀 견디기 어려울지 몰라도.

슈테판 클라인 뭐, 그러려나?

앨리슨 고프닉 알아요, 이건 선입견이에요. 아무튼 아이들의 놀이는 더없이 합리적입니다. 계획을 완벽하게 따르는 것보다 약간의 무질서를 허용할 때 더 나은 학습 결과가 나오는 경우가 많거든요. 당면한 문제에 대해서 아는 바가 적을수록, 이리저리 시도해보는 방식이 더 효율적이에요. 아이들뿐 아니라 과학자도 깊이 숙고한 실험보다 그런 즉흥적인 시도를 통해 더 빨리 영리해집니다. 이런 점에서 아기의 지성은 램프와 비슷해요. 마주치는 모든 것에 빛을 비추지요. 유일한 목표는 세계에 대해서 최대한 많이 알아내는 거예요. 반면에 나이를 더 먹어서 우리가 성과를 내야 할 때가 되면, 마치 탐조등처럼 주의가 집중되지요.

슈테판 클라인 아이의 사고방식이 레오나르도 다 빈치를 연상시키네요. 그분은 회화부터 하천 공사와 비행기 제작까지 늘 복잡한 문제 여남은 개를 동시에 다루면서도 거의 항상 실용화할 수 있는 지식에 도달했죠. 어느 아이든지 속에 레오나르도를 품고 있는 걸까요?

앨리슨 고프닉 예, 전적으로 그렇습니다. 아이들에게 집중을 가르치는 것이 중요하다는 얘기가 요새 계속 나오는데요, 충동을 통제하면 창의성이 희생된다는 점을 알아야 합니다. 우리는 이 사실을 재즈 음악가들을 대상으로 한 연구에서 확인했어요. 즉흥연주를 할 때 음악가의 뇌는 악보대로 연주할 때와 전혀 다르게 작동합니다. 주의 집중에 관여하는 중추들의 활동이 약해져요. 과연 무엇 때문에 인류는 지금까지 이토록 많은 발견을 해낼 수 있었을까요? 오로지 인간의 지성이 어린 시절에 오랫동안 통제가 없는 단계를 거치기 때문입니다.

슈테판 클라인 우리가 세계를 보는 넓은 시각을 잃는 시기가 언제인가요?

앨리슨 고프닉 대략 다섯 살(만으로 다섯 살을 뜻함 – 옮긴이) 때부터 잃기 시작해요. 거의 어디에서나 그 시기에 학교생활이 시작된다는 것은 우연이 아닙니다.

슈테판 클라인 학교에서 아이들은 목표에 맞게 사고하는 방법을 훈련받죠. 흔히 사람들이 얘기하기를, 레오나르도는 학교를 채 4년도 안 다니고 분수 계산도 못 배웠는데 천재였다고 하죠. 그렇지만 어쩌면 그런 빈약한 학력이 레오나르도의 행운이었을 수도 있어요. 학교를 별로 안 다닌 덕분에 아이의 사고방식을 유지할 수 있었던 거죠!

앨리슨 고프닉 내가 유명 연구소에서 최고 수준의 물리학자들에게 강연한 적이 몇 번 있어요. 그들에게 과학자는 커다란 아이라고 설명했습니다.

슈테판 클라인 물리학자들의 반응이 어떻던가요?

앨리슨 고프닉 동의하더군요. 하지만 당연히 모든 사람이 피터팬일 수는 없어요. 목표에 맞게 사고하는 사람도 필요하죠.

슈테판 클라인 그런데 우리 문화는 성과를 중시합니다. 나는 더 거침없고 아이다운 생각이 즐거울뿐더러 유용할 수 있다고 봐요. 물론 목표 추구를 제쳐놓고 그런 생각만 하자는 것이 아니라 그런 생각으로 목표 추구를 보완하자는 뜻이에요.

앨리슨 고프닉 다만, 대다수의 어른은 아이다운 램프 의식에 도달하기가 무척 어렵습니다. 몇 가지 형태의 명상이 도움이 될 수 있어요. 정해놓은 목적지가 없는 여행이나 안식년도 그렇고요. 반면에 아이들은 그냥 자연스럽게 램프 의식 상태예요.

슈테판 클라인 우리가 아이들을 그 상태에서 몰아내지 말아야 할 텐데.

앨리슨 고프닉 바로 그렇기 때문에 나는 소위 조기교육에 대해서 양면적인 감정을 가지고 있습니다. 조기교육은 집에서 받는 자극이 부족한 아이들에게 매우 유익할 수 있어요. 하지만 지금 유치원은 아이들에게 공부를 가르치라는 압력을 받고 있는데요, 그 압력이 위험한 수준입니다.

슈테판 클라인 대개 학부모가 자식이 학교에 가기도 전에 글을 읽고 외국어를 유창하게 발음하는 모습을 보고 싶어서 그런 압력을 넣죠.

앨리슨 고프닉 최근에 뉴욕에 사는 한 어머니가 유치원 한 곳을 고소했어요. 세 살짜리 딸이 거기에 다니는데 너무 많이 놀리기만 하고 학교 공부는 준비시키지 않는다는 거였죠. 우리 교수들을 놀라게 하는 학생들도 있어요. 어떤 학생이냐면요, 공부를 굉장히 열심히 해요. 그런데 안타깝게도 시험에 무슨 문제가 나올까 하는 것에만 관심이 있어요. 그런데 따지고 보면 우리가 정확히 그런 학생들만 선발한 거예요. 어떤 청소년이 중요한 시험에 낙방하고서 이렇게 해명한다고 해봅시다. "어젯밤에 인생의 의미에 대해서 밤새 토론하는 바람에 아쉽게도 실력을 제대로 발휘하지 못했습니다." 바로 이런 청소년에게 가산점을 주는 것이 더 나은 방향일 겁니다. 왜냐하면 그런 마음가짐이 철학과 과학을 낳았으니까요.

슈테판 클라인 얄궂게도 다수의 욕심 많은 부모들은 똑똑한 아이를 원합니다. 교수님이 원하는 청소년과 정반대죠.

앨리슨 고프닉 맞습니다. 아이들은 어른이 단지 자신들을 가르칠 목적으로 행동하는지 여부를 알아채는 감각이 놀랄 만큼 뛰어납니다. 내 동료 라우라 슐츠는 한 연속 실험에서 네 살짜리들이 보는 앞에서 전기장치가 달린 꽤 복잡한 장난감을 이리저리 만지작거렸어요. 그런 다음에 아이들을 방치해두니까, 아이들은 머지않아 그 장난감으로 무엇을 할 수 있는지를 모두 알아냈죠. 다른 실험에서 슐츠는 똑같은 나이의 꼬마들에게 의도적으로 그 장난감의 기능 두세 가지만 보여주었습니다. 이번에는 그녀가 방을 떠나자, 아이들은 그녀가 보여준 그 약간의 기능만 반복해서 작동시켰습니다.

슈테판 클라인 아이들이 놀이에서 무엇을 배울지는 예상할 수도 없고 통제할 수도 없는 거죠. 욕심 많은 부모들은 자식의 학습능력에 대한 신뢰가 부족한 모양이에요.

앨리슨 고프닉 문제는 더 깊습니다. 과거에는 형제, 사촌, 조카가 주변에 있어서 아이들을 상대하는 것이 아주 자연스러운 일이었죠. 그런데 지금은 어디에도 그런 대가족이 없습니다. 추측하건대 우리는 직접 아이를 낳은 뒤에야 비로소 아이와의 긴밀한 관계를 배우는 최초의 어른 세대일 거예요. 그러니 아이를 대하는 일이 엄청나게 불안할 수밖에요. 반면에 목표를 추구하는 행동은 교육과 직업에서 쌓은 경험 덕분에 우리에게 아주 익숙합니다. 그래서 우리는 목표 추구 행동을 가정생활의 모범으로 삼으려 애쓰죠.

슈테판 클라인 결과는 실패일 테고요…….

앨리슨 고프닉 당연하죠, 교육은 목표 추구 활동이 아니니까.

슈테판 클라인 정말요? 당장 나만 해도 아이들이 충실한 어른의 삶에 이르는 길을 발견하기를 원해요. 비록 그 길이 그들에게 구체적으로 무엇일지는 모르지만요.

앨리슨 고프닉 전적으로 동의합니다. 그런데도 다름 아니라 중산층 부모들은 이런 고민을 해요. 내 행동이 옳을까? 이러면 어떤 결과가 나올까? 내 아들은 서른 살이 돼서 심리치료사에게 무슨 이야기를 할까? 정작 아이들에게 무엇을 해줄지는 뒷전일 때가 많아요. 오히려 결정적인 것은 부모 자신을 위한 안전실을 마련하는 거죠. 그 안에서 자신을 위한 대답을 찾아내고요. 요컨대 올바른 방향은 지금과 반대로 가는 길이에요. 즉, 아이로 산다는 것의 의미를 체험하는 것, 그리고 아이가 지금 무엇이 필요한지 이해하는 것이에요.

슈테판 클라인 바로 그것들을 알려주면 좋을 텐데, 아쉽게도 발달심리학은 그러지 못하잖아요. 왜냐하면 당신과 동료들은 평균적인 세 살짜리나 다섯 살짜리라는 허구의 아이만 서술하니까요. 현실에서는 모든 아이 각각이 고유한 개성을 가졌는데.

앨리슨 고프닉 우리는 개인 간의 차이가 어디에서 유래하는지 아직 모릅니다. 내가 추측하기에는 아이의 특정한 성향이 시간이 흐르면서 저절로 강화되는 것 같아요. 처음에는 아주 미세한, 이를테면 유전적 편차가 있을 수 있어요. 한 아이는 큰 동작을 좋아하고 다른 아이는 세밀한 동작을 더 좋아해요. 그러면 아이들은 각자 이런 타고난 취향에 적합한 환경을 스스로 선택합니다.

슈테판 클라인 그래서 한 아이는 축구를 점점 더 잘하게 되고, 다른 아이는 그림 그리기를 점점 더 잘하게 되겠군요.

앨리슨 고프닉 부모와 교육자들의 반응이 그런 취향을 더 강화하고요. 남자아이와 여자아이 사이의 차이도 대개 그런 식으로 설명할 수 있습니다.

슈테판 클라인 솔직히 고백하는데 나는 여자가 전기드릴을 사용하고 용접기를 다루는 모습을 보면 정말 엄청난 매력을 느끼거든요. 그래서 내가 무던히 노력했는데도 내 딸은 기술에 취미를 붙이는 데 결국 실패했습니다. 반면에 아들은 이제 겨우 한 살인데도 내가 나사돌리개를 손에 쥔 모습만 봐도 흥분하더라고요.

앨리슨 고프닉 남성과 여성의 역할에 대한 통념을 부수려는 부모들이 곧잘 실망에 빠집니다. 물론 테스토스테론이 남성으로 하여금 전기 공구에 끌리게 한다는 생각은 터무니없어요. 하지만 그 남성호르몬이 남자아이로 하여금 힘을 쓰는 동작을 좋아하게 만들 가능성은 매우 높아요. 실제로 그렇다면 남자아이에게는 책상 앞에 앉아있는 아버지보다 부지런히 움직이는 아버지가 더 흥미롭겠죠. 게다가 그 아들이 아버지를 흉내 내면서 점점 더 공구 조작에 익숙해지면, 원래 딸과 아들 사이에 있던 작은 차이가 증폭될 테고요.

슈테판 클라인 지금 하신 설명대로라면, 유전자의 영향과 환경의 영향을 구분하는 것은 근본적으로 불가능하겠군요.

앨리슨 고프닉 사람은 자신의 환경을 끊임없이 변화시키기 때문에, 특정한 유전적 소질이 어떤 결과를 가져올 지 우리는 결코 알 수 없습니다. 또 하나 좋은 예로 주의력결핍과잉행동장애라는 것이 있어요.

슈테판 클라인 예, 알아요. ADHD. 독일에서만 수십만 명의 아이들이 ADHD 진단을 받고 매일 리탈린을 먹죠.

앨리슨 고프닉 ADHD는 부분적으로 유전적 원인에서 비롯됩니다. 하지만 우리의 먼 조상에게는 그 병이 전혀 문제가 되지 않았어요. 오히려 과잉행동 성향이 있는 사람들은 더 훌륭한 사냥꾼이었을 거예요. 그런데 지금 사람들은 그런 유전적 소질을 가진 아이들을 학교에 붙들어 둬요. 그러니까 문제가 생기는 거죠. 어느새 ADHD는 일종의 유전병이라는 말까지 나오더군요. 하지만 ADHD는 교실이라는 환경에서 비로소 발병해요. 교실은 겨우 100년 전에 생겨났고요.

슈테판 클라인 리탈린은 ADHD 아동을 학교에 적응시킬 기회를 주죠.

앨리슨 고프닉 누구보다도 그 아동의 부모를 위해서죠. 과잉행동 아동에게 리탈린을 투여하면 부모로서는 자식을 다루기가 확실히 더 수월해지니까. 하지만 이 약이 이를테면 행동치료보다 학업성적 향상 효과에서 더 우월하다는 증거는 아직까지 없습니다.

슈테판 클라인 하지만 나는 그 알약을 처방받아서 자식에게 먹이는 부모도 충분히 이해가 갑니다. 아이가 학교에서 전혀 집중하지 못하면 영영 낙오자가 될 텐데, 그건 무서운 일이잖아요.

앨리슨 고프닉 좋아요. 그런데 여기 미국에서는 세 살짜리도 리탈린을 먹어요. 이건 미친 짓이죠. 물론 어떤 약이라도 적극적으로 써야 하는 사례들이 틀림없이 있긴 합니다.

슈테판 클라인 게다가 무한한 능력으로 자식을 지원할 수 있는 부모가 세상에 어디 있겠습니까. 그냥 평범한 상황에서도 자식은 필요한 것이 굉장히 많습니다. 흔히 부모가 줄 수 있는 만큼보다 더 많죠. 그래서 나는 아버지로서 마음이 아프고요.

앨리슨 고프닉 우리가 일상에서 마주치는 가장 심각한 도덕적 딜레마 중 일부는 부모 노릇에서 비롯돼요. 이것 또한 우리와 자식 사이의 관계가 철학적으로 매우 흥미로운 이유고요. 우리가 자식과의 관계에 쏟는 정성은 어떤 타인과의 관계에 쏟는 정성과 비교해도, 비교조차 안 됩니다. 나는 내 남편을 사랑하고 좋은 아내가 되려고 노력해요. 그래서 남편에게 밥을 해주고 남편의 말에 귀를 기울이죠. 그런데 만약에 내가 아기를 그렇게 상대한다면? 영락없는 아동학대예요! 그런데도 아이들은 우리의 희생에 눈도 깜빡하지 않죠. 만일 아이들이 부모의 지속적인 배려를 특별하게 여긴다면, 그게 오히려 위험 신호예요.

슈테판 클라인 그래서 우리는 늘 부모로서 부족하다는 느낌, 아이들에게 여전히 무언가 덜 해준 것 같다는 죄책감을 갖는 게로군요. 부모 노릇은 우리에게 벅찬 걸까요?

앨리슨 고프닉 우리가 자식에게 해주는 만큼을 누군가가 낯선 사람에게 해준다면, 그 사람을 성자라고 불러야 마땅해요.

슈테판 클라인 기적을 일으켜서가 아니라 자기를 버리는 수준의 헌신을 기리는 뜻으로…….

앨리슨 고프닉 당연하죠. 나는 유대계 무신론자예요. 하지만 세 살짜리와 함께 사는 것은 정말 상당한 성자의 경지에 오르는 지름길이라고 믿습니다.

슈테판 클라인 나한테서는 성자의 경지가 별로 안 느껴지는데요.

앨리슨 고프닉 심지어 위대한 성자들도 부모만큼 헌신적인 경우는 드물어요. 죄책감을 생각해보세요. 훌륭한 미국인에게 죄책감은 어울리지 않아요. 하지만 내가 짐작하기에 죄책감이야말로 부모로서 우리가 짊어진 엄청난 책임에 대한 반응으로 더없이 적절하지 않은가 싶어요.

슈테판 클라인 여성주의자들은 그런 생각에 헛웃음을 지을 성싶네요.

여성들은 자신이 항상 타인을 위해 봉사해야 하는 사람이 아님을 깨닫기 위해 수십 년 동안 애써왔습니다. 그런 마당에 지금 교수님이 나타나서 적절한 죄책감과 성스러움을 말씀한다면…….

앨리슨 고프닉 여성주의는 양면이 있습니다. 한 면은 억압에 맞선 싸움이죠. 다른 한 면도 항상 함께 있었는데, 그건 여성의 경험을 진지하게 받아들이자는 겁니다. 실제로 여성들은 지난 1만 년 동안 그냥 앉아서 놀지 않았어요. 지구의 인구를 대폭 늘렸습니다. 그러면서 여성들이 얻은 통찰은 대개 홀몸이었던 남성 철학자와 신학자의 가르침에 못지않게 소중합니다. 바로 그렇기 때문에 내가 발달심리학으로 방향을 튼 거예요. 나는 철학에게 오랫동안 감겨있던 새로운 시각을 열어주고 싶었어요. 나에게 꼭 맞는 역할이었죠. 내가 6남매의 맏이예요. 평생을 통틀어 어린아이를 돌보지 않으면서 보낸 시간은 3년뿐입니다.

슈테판 클라인 대체 무슨 질문을 품었기에 철학에서 답을 추구했나요?

앨리슨 고프닉 세계에 관한 우리의 앎은 어디에서 나올까? 우리가 감각을 통해 받아들이는 정보가 얼마나 적은지 감안하면, 우리가 아는 것은 믿을 수 없을 만큼 많아요. 이것이 나에게는 여전히 수수께끼 중의 수수께끼입니다. 일찍이 플라톤도 이 수수께끼를 고민했어요. 내가 플라톤을 처음 읽은 것이 열 살 때였죠.

슈테판 클라인 이해가 되던가요?

앨리슨 고프닉 부모님은 우리 같은 아이들이 철학자를 이해할 수 없다는 말을 전혀 하지 않았어요. 그러면서 온갖 책을 주었죠. 우리가 알아먹을 수 있는 만큼 알아먹으리라고 합리적으로 생각하셨던 거죠. 게다가 많은 철학자들이 그러더군요. 자기네는 내 나이 즈음에 플라톤을 읽기 시작했다고.

슈테판 클라인 하긴 플라톤의 글이 참 쉬우면서도 훌륭하죠.

앨리슨 고프닉 그리고 일반적으로 아이들이 여덟 살에서 열 살 사이에 처음으로 신학적인 질문을 던지기 시작합니다. 이를테면 "어떻게 모든 것이 생겨났지?" 여러 연구에서 밝혀졌듯이, 무신론적인 환경에서 성장하는 아이들조차도 그런 생각을 합니다.

슈테판 클라인 예, 베를린에서 크는 우리 아이도 신에 대해서 물어요. 그런데 내 생각에 교수님이 방금 든 예는 그다지 신학적이지 않은걸요.

앨리슨 고프닉 하지만 아이들이 곧바로 내놓는 대답들은 신학적이에요. 이를테면 "틀림없이 누군가가 우주를 만들었어." 이런 질문과 대답은 자연스러운 발달에서 비롯돼요. 벌써 세 살짜리 아기들도 아주 근본적인 것을 물어요. 예컨대 다른 사람의 머릿속에서 무슨 일이 일어나는지, 그가 하는 행동을 왜 하는지 알고 싶어 해요. 그러니 아이들이 나이를 먹으면서 점점 더 포괄적인 설명을 추구하는 것은 정상적이에요. 그러다가 결국 언젠가는, 어쩌면 세계 전체에 목적이 있지 않을까 하는 생각에 이르는 것도 정상적이고요.

슈테판 클라인 나는 그런 질문을 초등학교를 졸업할 때쯤(우리나라식으로는 초등학교 4학년 말 - 옮긴이) 했던 걸로 기억합니다. 하지만 어떻게 그런 질문에 이르게 되었는지는 영 기억이 안 나네요. 어른이 되고 나면 우리 자신의 어린 시절이 꿈처럼 되는 것 같아요. 우리는 기억 속에서 몇몇 장면을 애써 끌어내죠. 하지만 더 멀리 거슬러 올라갈수록, 어둠이 더 짙어져요. 가장 어릴 때의 온갖 풍요는 영영 사라져버린 것만 같고요.

앨리슨 고프닉 왜 그런지조차 우리는 모릅니다. 아마도 네 살이 채 안 된 아이는 자신이 시간 속에서 산다는 것을 모르는 것 같아요. 자신의 과거와 현재 자아가 동일한 역사의 부분이라는 것을 이해하지 못하는 것 같아요. 그래서 오래 남을 기억도 거의 저장하지 못하고요.

슈테판 클라인 어린 시절의 아이다움이 순식간에 흔적도 없이 사라지는 것에 슬픔을 느껴본 적 있나요?

앨리슨 고프닉 그럼요. 일본어에는 '아와레あわれ'라는 멋진 개념이 있어요. 덧없는 것의 아주 특별한 아름다움을 뜻하죠. 예컨대 벚꽃이나 첫눈의 아름다움. 그런 아름다움을 만끽하려면, 자기를 내던져야 해요. 그리고 열정적으로 사랑해야 해요. 통제할 수도 없고 붙들 수도 없는 것을.

Wir könnten unsterblich sein

05

우리는 언젠가 꿈을 이해할 겁니다

꿈은 예견일까 혹은 바람일까,
그도 아니라면 단지 뇌의 활동일까?
정신과의사 겸 꿈 연구자 "앨런 홉슨"과 나눈 대화

Allan Hobson

1933년 미국에서 태어났다. 하버드 대학교 정신의학과 교수였으며, 신경생리학 실험실 소장을 지냈다. 꿈꾸는 동안 사람의 뇌 부위의 활성화 정도를 측정하여 꿈의 생성 경로를 밝히는 업적을 세웠으며, 1988년에 수면연구학회로부터 '올해의 과학자상'을 받았다. 국내 출간된 책으로 『프로이트가 꾸지 못한 13가지 꿈』, 『꿈』 등이 있다.

신앙과 종교에 관한 이야기는 대개 긴 대화의 막바지에야 나오는데, 앨런 홉슨과 나눈 대화에서는 이 주제에 관한 질문이 처음부터 등장했다. 예의를 갖춘 인사말이 몇 마디 오가고 나자, 그는 불쑥 신비주의와 가톨릭에 대한 자신의 반감을 토로했다. 그래서 미국인 홉슨이 나를 맞아들인 집이 더욱 놀라웠다. 식당에서 보니, 양쪽으로 젖혀 여는 문 너머로 묵직한 흑단목 책상이 자리 잡았고, 그 위에 마리아의 성화와 묵주가 놓여있었다. 그 집에서 그는 두 번째 부인과 함께 사는데, 그녀는 고향 시칠리아의 메시나에서 의사로 일하는 독실한 가톨릭교도다. 그녀에 대한 그의 언급에서 깊은 존중심이 배어 나왔다.

홉슨은 반박과 도발을 꺼려본 적이 없다. 하버드 대학교 정신의학과 교수 시절에 그는 잠을 뇌의 활동으로 이해하는 연구를 개척하고, 전통적인 꿈 해석을 뒤엎었다. 더불어 그는 여러 미술관에서 꿈에 관한 전시회를 열었다. 자신이 꾼 꿈들의 내용을 세부까지 낱낱이 공개하고 그것을 둘러싼 논쟁을 유도하기도 했다. 어느새 일흔아홉이 된 그는 실험실에서 물러났지만 여전히 글을 써서 많은 관심을 끌어들인다.

홉슨은 한 해의 절반을 보스턴과 버몬트 주에 있는 그의 농장에서 보낸다. 그 농장에는 외양간으로 쓰던 건물이 있는데, 지금 그곳은 꿈 전시관으로 활용된다. 나머지 반년 동안 홉슨이 사는 곳은 시칠리아다. 그의 집 발코니에서 내려다보면, 까마득한 옛날 오디세우스가 괴물 스킬라가 사는 섬과 카립디스가 사는 해변 사이로 항해할 때 거쳤다는 해협이 보인다.

슈테판 클라인 홉슨 교수님, 나는 똑같은 꿈을 몇 년째 반복해서 꾸는데, 그 이유가 뭘까요? 내가 옛 친구들이나 부모님과 높은 산 위에 있는 꿈이에요. 우리는 스키를 신고 활강하기도 하고 다시 비탈을 오르기도 하면서 계곡에 도달하려고 애쓰는데, 도무지 안 되는 거예요. 때로는 활강하다가 내 발밑이 위험천만한 낭떠러지라는 걸 뒤늦게 깨닫기도 하죠.

앨런 홉슨 그럴 때 느낌이 어때요?

슈테판 클라인 그때그때 달라요. 공포일 때도 있고, 짜릿한 쾌감일 때도 있고.

앨런 홉슨 그렇다면 전형적인 재발몽recurrent dream은 아니네요. 당신은 단지 똑같은 장면을 자주 볼 뿐이에요. 꿈속에서 만나는 상황은요, 감정이 실려있고 어느 정도 위험하면서 사회적인 자극을 주는 상황일 경우가 아주 많아요. 또 꿈에서는 운동도 아주 중요한 구실을 하죠. 당신이 꾼 꿈은 이 모든 요소를 다 포함하고 있군요.

슈테판 클라인 나를 바싹 긴장시키는 다른 주제에 대해서도 설명을 듣고 싶네요. 그런데 왜 하필이면 계속 산이 나올까요?

앨런 홉슨 당신과 달리 나는 꿈속에서 스키를 타고 산악지역을 누벼본 적은 없습니다. 대신에 스키를 타고 쏜살같이 활강하는 꿈을 자주 꿔요. 그런데 나는 20년 전부터 스키를 타기는커녕 신어본 적도 없습니다. 아마 내 뇌의 한 부분은 여전히 스키를 타는 모양이에요.

슈테판 클라인 교수님은 오래전부터 심리학자들의 분노를 한몸에 받아왔습니다. 교수님이 꿈을 우연한 뇌 흥분의 결과로 규정했기 때문이죠. 꿈은 아무 의미가 없다면서.

앨런 홉슨 약간 달라요. 나는 꿈속에 숨은 의미가 없다고 했습니다. 정신분석가라면 산에 오르는 꿈에서 이를테면 당신이 무참하게도 어머니와 섹스하기를 원한다는 의미를 읽어낼지도 몰라요. 터무니없는 헛소리죠! 한마디 보태자면, 나는 몇 년 전부터 입장을 바꿨습니다. 지금은 꿈이 중요하다고 믿습니다. 꿈의 주제는 삶의 기반을 이루는 요소들이거든요. 뭐냐면, 감정, 운동, 지각이에요. 꿈을 꾸면서 뇌는 이 요소들을 다루는 훈련을 합니다. 낮을 위해서 연습하는 거예요. 하지만 많은 사람들은 이 정도 의미 부여로는 만족하지 않습니다. 꿈에서 행운을 예감하는가 하면 별의별 의미를 다 읽어내려고 합니다.

슈테판 클라인 주로 꿈에서 미래를 읽어낼 수 있기를 바라죠. 교수님도, 뭐랄까, 더 깊은 의미에 대한 갈망 같은 것은 없나요? 사실 교수님 본인의 첫 직업이 정신분석가였잖아요.

앨런 홉슨 나를 매혹한 것은 늘 인간의 행동과 정신의학이었습니다. 정신분석가 훈련은 그 관심사와 그리 멀지 않았고요. 또 나는 정신분석을 믿으려고 노력했어요. 하지만 정신분석가들의 사고방식과 인간을 대하는 방식을 보면 볼수록 점점 더 반감이 커지더군요. 오랫동안 나 자신에게 문제가 있다고 생각했죠. 아시다시피 나는 정신분석가가 될 생각이었으니까.

슈테판 클라인 뭐가 그렇게 교수님 마음에 못마땅했을까요?

앨런 홉슨 내가 보스턴 시내의 한 공공 정신병원에서 전공의로 일할 때였어요. 당시에 정신분석가들은 교외의 부유층 거주지역에서 벤츠를 타고 출근해서는 예컨대 정신분열병에 걸린 젊은 남성의 어머니에게 아들의 병은 당신의 탓이라고 단언하곤 했죠. 그건 명백히 틀릴뿐더러 파괴적이기까지 한 진단이었어요. 내가 동료들에게 의견을 물으니까, 이러더군요. "왜 그런 질문을 하지? 혹시 네가 너희 아버지를 못 견디게 증오하는 거 아니니?" 그 순간 나는 불같이 화를 내면서 직장을 때려치워 버렸죠.

슈테판 클라인 그런 다음엔 뭘 했나요?

앨런 홉슨 나의 진정한 관심사는 의식을 연구하는 것이었어요. 하지만 그걸 스스로 깨달은 건 한참 뒤였어요. 아무튼 나는 뇌 연구로 방향을 틀었습니다. 동시에 정신과의사 일을 시간제로 병행했고요. 단,

이제는 정신분석 대신에 상식을 진료의 지침으로 삼았죠.

슈테판 클라인 그런 이중생활을 어떻게 해냈나요?

앨런 홉슨 실험실에서 배운 것을 환자들에게 실천했습니다. 관찰하라, 그리고 성급히 해석하지 마라. 나의 임상 경험과 실험이 훨씬 더 깊은 수준에서 연관되어 있었다는 사실을 10년 후에 깨달았습니다. 오로지 뇌가 우리의 정신적 경험을 결정한다. 이 사실이 핵심입니다.

슈테판 클라인 그게 교수님에게는 놀라운 사실이었나요? 몸과 정신이 상응해야 한다는 것은 내가 보기에 너무나 뻔한 얘긴데.

앨런 홉슨 몸과 정신의 연관성이 얼마나 직접적인지가 나에게는 정말 놀라웠습니다. 당신은 지금 깨어있어요. 당신의 머릿속 한가운데에 있는 뉴런 하나는 지금 1초에 두 번 점화해요. 탁, 탁. 그 결과로 노르아드레날린이라는 신경전달물질이 퍼져나가죠. 만약에 그 신호물질을 차단하면, 당신의 몸과 의식은 곧바로 전혀 다른 상태가 돼요. 당신은 잠듭니다. 이런 이야기가 흥미롭지 않나요?

슈테판 클라인 흥미롭네요. 그러니까 교수님은 잠을 일으키는 스위치를 연구했던 것이로군요.

앨런 홉슨 예, 하지만 그게 다는 아니에요. 우리는 렘수면을 일으키는 뇌간에서 거대한 뉴런들을 발견했습니다.

슈테판 클라인 렘수면이라면 수면의 단계 중에서 특히 강렬한 꿈을 꾸는 단계라고 압니다만.

앨런 홉슨 그때가 1975년이었어요. 그 세포들에서 신호를 끌어낼 수 있다고 생각한 사람은 아무도 없었죠. 하지만 우리가 해냈어요. 이어서 그 거대한 뉴런들이 렘수면 단계에 이례적으로 활발하게 활동한다는 것이 밝혀졌어요. 그 뉴런들은 우리의 꿈을 관장하는 다른 메커니즘과도 연결되어있죠. 시각피질이 활성화되면, 우리 앞에 장면들이 나타나요. 운동 시스템들이 작동하기 시작하면, 우리는 탱고를 춘다고 느껴요. 날아간다고 느낄 수도 있고요. 이와 동시에 몸은 마비됩니다. 뇌의 앞부분이 꺼지면서 우리는 주의attention를 통제하는 능력을 상실하죠. 그러면 모든 일이 가능해져요. 그리고 감긴 눈꺼풀 밑에서 눈동자가 마구 움직이기 시작해요. 마치 움직이는 물체를 따라잡으려고 눈이 움직일 때처럼.

슈테판 클라인 그러고 보니 꿈속의 장면은 실제로 항상 움직여요.

앨런 홉슨 흥미로운 현상이죠! 왜 그런가 하면, 뇌가 눈의 운동을 그림의 운동으로 해석하기 때문이에요.

슈테판 클라인 게다가 장면이 지나칠 정도로 또렷할 때가 많아요. 때때로 꿈속에서 나는 빙하를 정말 선명하게 볼 때가 있어요. 사실, 알프스 지역에서 그렇게 선명한 광경은 아무리 맑은 날이라도 불가능하거든요.

앨런 홉슨 왜냐하면 렘수면 중에는 시각을 담당하는 뇌 부위가 낮에 활동할 때보다 최대 여섯 배 강하게 활동할 수 있기 때문이에요. 당신은 지금처럼 깨어있는 상태에서는 꿈속 장면을 불러낼 수는 없어요. 이것도 똑같은 이유 때문입니다.

슈테판 클라인 지금 꿈속 장면을 불러낼 수 없는 건 외부에서 눈을 통해 들어오는 인상이 더 강하기 때문이죠.

앨런 홉슨 옳은 말이지만, 그게 진짜 이유일 수는 없어요. 지금 당장 당신이 눈을 감으면, 외부에서 들어오는 인상은 차단되잖아요. 그래도 꿈속 장면을 불러낼 수는 없어요. 정말로 꿈을 꾸려면, 뇌의 민감성이 적당한 수준에 도달해야 합니다. 약물을 사용하거나, 당신이 오랫동안 잠을 못 잤다면 그런 상태에 도달할 수 있어요. 나는 실험실에서 다른 사람들의 수면에 관한 데이터를 수집하느라고 며칠 밤을 꼬박 새우곤 했습니다. 그럴 때면 아침 6시쯤에 자주 손님이 찾아왔어요. 손님이 들어와서 의자에 앉고, 우리는 대화하기 시작하죠. 그러다가 문득 깨닫습니다. '아, 아무도 없구나.' 죄다 환각이었던 거예요. 하지만 그걸 알아도 아무 소용없더군요. 다음번에 그 손님이 또 찾아와요!

슈테판 클라인 믿기 어려운 얘기네요. 교수님은 그런 경험을 꽤 자주 하나요?

앨런 홉슨 예. 한번은 내가 밤에 비행기를 오랫동안 타고 우리 농장에 간 적이 있어요. 도착해서 잠자리에 드는 대신에 일을 조금 하려고 밖으로 나갔죠. 그러기 무섭게 그 친구가 냉큼 또 나타나더군요.

슈테판 클라인 그런 경험을 어떻게 설명할 수 있을까요?

앨런 홉슨 렘수면이 깨어있는 상태 안으로 침입하는 겁니다. 그러면 환상과 외부 세계에 대한 지각이 뒤섞이기 시작해요.

슈테판 클라인 잠깐만요. 렘수면은 측정 가능한 뇌 상태예요. 반면에 꿈은 지극히 개인적인 경험이에요. 자, 그런데 교수님은 이를테면 천사가 아니라 렘수면이 꿈을 일으킨다는 것을 대관절 어떻게 그리 확신할 수 있을까요?

앨런 홉슨 뇌의 작동을 통해서 꿈의 아주 많은 특징들을 정확히 설명할 수 있기 때문입니다. 게다가 내가 특히 자랑스러워하는 실험이 하나 있어요. 우리 팀이 피실험자 열두 명을 대상으로 수행한 실험입니다. 어떤 것이냐면, 피실험자들은 연속으로 12일 동안 매일 밤 우리 실험실에서 잠을 잤어요. 우리는 잠든 피실험자들의 뇌파를 측정했고요. 뇌파를 보면 다양한 수면 단계에 관한 정보를 얻을 수 있거든요. 그러면서 컴퓨터를 이용해서 피실험자들을 자꾸 깨웠습니다. 그러고는 방금 무슨 꿈을 꾸었느냐고 물었습니다. 결정적인 단계는 피실험자들의 대답과 뇌파를 비교하는 것이었어요. 비교해보니, 믿기 어려울 정도의 상관성이 나타났습니다! 우리는 피실험자의 대답만 듣고도 그가 어떤 수면 단계에서 깨어났는지를 대체로 알아맞힐 수 있었어요.

슈테판 클라인 그 후 곧바로 교수님은 그 실험을 일종의 전시회로 바꿨습니다. 보스턴의 미술관 한 곳에 유리로 된 침실을 설치하고, 발가벗은 여자들과 남자들을 몸에 착 달라붙는 은색 시트를 덮고 머리에 전선을 연결한 채로 그 침실 안에서 온종일 자게 했죠. 그러는 동안에 최대 500명의 관람객이 그들의 움직임을 관찰하고 모니터에 나타나는 뇌파를 보았고요. 그런 파격적인 전시회를 하버드 대학교가 지원하던가요?

앨런 홉슨 웬걸요. 그 즈음에 내가 종신 교수직을 얻었는데, 그때 중요한 동료 한 분이 이렇게 투덜거렸어요. "드림스테이지(**Dreamstage,** 앨런 홉슨이 1977년부터 여러 곳에서 열었던 잠과 꿈에 관한 전시회의 명칭 - 옮긴이)에도 불구하고 종신 교수직을 드리는 겁니다." 아마 샘이 나서 그랬을 거예요. 그 전시회가 어마어마한 성공을 거뒀거든요. 2년 동안 미국 전역을 순회한 다음에 프랑스까지 진출했어요. 수만 명이 우리의 유리 침실을 구경했습니다.

슈테판 클라인 그 시절부터 교수님은 꿈 일기를 써왔습니다. 교수님 자신의 꿈을 3,000건 넘게 수집했죠. 그 이유가 뭘까요?

앨런 홉슨 그 일기를 한번 볼래요? 지금은 이 일기책을 쓰는 중입니다. 1권부터 시작했는데, 어느새 165권이네요. 여기 표지 그림은 동료가 그려준 겁니다.

슈테판 클라인 달빛이 드리운 공터에 어떤 여인이 홀로 있는 모습이군요. 왠지 초현실주의 화가 데 키리코가 그린 섬뜩한 장면을 연상시키네요.

앨런 홉슨 뒤숭숭한 꿈(anxiety dream, 악몽보다 덜 괴롭지만 불쾌한 꿈 - 옮긴이)이죠. 드림스테이지를 둘러싸고 일어난 회오리바람이 내 삶을 더 복잡하게 만들었습니다. 내 결혼생활은 파탄 났고, 나는 여러 여자와 관계를 가졌죠. 일기는 다양한 행위의 가닥들을 말하자면 다시 조립하는 데 도움이 되었어요. 나는 낮에 경험하는 일들도 이 일기에 기록합니다. 사진, 그림, 과학 학회 관련 메모도 붙여놓죠. 내가 꿈을 기록하는 것은 꿈이 실제로 어떤지 알아내기 위해서에요. 나 자신의 꿈을 탐구하는 것이 최선의 방법이라는 생각이 들었어요. 전통적인 과학은 주관적 경험을 너무 경시해왔어요.

슈테판 클라인 반면에 교수님은 본인이 10년 전에 겪은 심각한 뇌졸중마저도 하나의 실험으로 여겼습니다. 그 경험에 관한 학술논문을 길게 써서 발표했죠. 어떻게 그런 불행을 겪게 되었나요?

앨런 홉슨 끔찍한 일이었죠. 혈전, 아니면 죽종(atheroma, 동맥 내 침전물 - 옮긴이) 때문에 소뇌와 뇌간 일부가 파괴된 거였어요. 일이 터진 다음에 부분 마비 상태로 병상에 누워있는데 어지럼증이 일어나더군요. 내 몸이 온갖 방향으로 회전하는 느낌이었어요. 열흘 동안 사실상 잠을 못 자면서 내 몸의 여러 부위가 기괴하게 변형된 것 같은 환각에 시달렸죠. 38일 동안 꿈을 못 꿨습니다. 그나마 다행인 것은 그 일이 몬테카를로에서 일어났다는 점이었어요. 그곳의 라디오는 내가 무척 좋아하는 상송을 밤새 방송했거든요.

슈테판 클라인 교수님의 경험은 꿈이 생명에 필수적이지 않다는 점을 알려줍니다.

앨런 홉슨 또 뇌간이 없으면 꿈을 꿀 수 없다는 것을 알려주죠. 당시에 나는 뇌간이 손상된 상태였어요. 더욱 흥미로운 것은 나의 뇌가 복원되기 시작하면서 일어난 일이었습니다. 처음으로 다시 몇 걸음 걸을 수 있게 된 날 밤에 나는 꿈도 다시 꾸었어요.

슈테판 클라인 뇌에서 운동을 담당하는 시스템과 꿈을 담당하는 시스템이 서로 긴밀하게 연결되어있는 모양이군요.

앨런 홉슨 맞아요. 그 사실에 착안해서 나는 이론을 하나 개발했어요. 의식의 핵이라고 부를 만한 무언가가 존재한다는 이론이죠. 그 핵이 감각인상과 운동감각을 처리해요. 이 원의식proto-consciousness은 밤에 우리 앞에 나타납니다. 뇌가 꿈속에서 가상 세계를 만들어놓고 그 안에서 원의식을 훈련시키거든요. 꿈속에서 우리는 감각인상과 신체 운동을 연결하는 연습을 합니다.

슈테판 클라인 그러니까 우리의 의식이 양파를 닮았다는 주장이군요. 양파의 중심부에 운동과 감각지각이 있고, 감정 · 기억 · 생각이 그 중심부를 마치 양파껍질처럼 둘러싸고 있다. 꿈속에서 우리는 양파의 중심부로 회귀하고요.

앨런 홉슨 훌륭한 비유예요.

슈테판 클라인 다시 꿈꿀 수 있게 되었을 때 교수님은 무슨 꿈을 꾸었나요?

앨런 홉슨 내 아내에게 다른 남자가 생긴 꿈. 내가 아내를 찾아 이리저리 헤매는데 어디에도 없더군요. 지그문트 프로이트를 동원하지 않아도 해석할 수 있는 꿈이에요. 나는 아내를 사랑했어요. 게다가 당시에 나는 아내에게 심하게 의존할 수밖에 없는 상태였고요. 그런 아내가 나를 버릴까 봐 두려웠던 거죠.

슈테판 클라인 뇌가 꿈속에서 운동과 감각인상뿐 아니라 인간관계도 연출하는 모양이네요.

앨런 홉슨 그 말이 옳을지도 모릅니다. 어쩌면 내가 꿈의 사회적 측면을 너무 경시해왔는지도 몰라요. 아무튼 시간이 너무 늦었군요. 이제 잠자리에 듭시다.

【 이튿날 아침 】

앨런 홉슨 클라인 씨, 지난밤에 내가 당신 꿈을 꿨습니다.

슈테판 클라인 그래요? 무슨 꿈이었는지 한번 듣고 싶네요.

앨런 홉슨 자면서 당신과 대화했어요. 어제 하고 싶은 말을 충분히 못 했다는 느낌이 조금 있었거든요. 그래서 당신에게 내 생각을 명확하게 전달하고 싶었어요. 내가 실제로 말을 했습니다. 아내가 옆에서 들었어요. 그런데 주목할 만한 점은 나도 꿈속에서 내 목소리에 귀를 기울였다는 거예요.

슈테판 클라인 교수님이 꿈과 깨어있음 사이의 중간 상태에 있었던 게로군요.

앨런 홉슨 예, 바로 그겁니다. 평범한 잠꼬대와 달리 나의 말은 아주 분명했어요.

슈테판 클라인 참 특이한 일이네요. 실은 나도 지난밤에 그런 중간 상태를 경험했거든요. 내가 미국에 있었어요. 비행기를 탈 예정인데, 택시가 오지 않는 거예요. 그래서 나는 비행기를 놓칠까 봐 발을 동동 굴렀죠.

앨런 홉슨 공항에 너무 늦게 도착한다? 흔하디흔한 꿈이네.

슈테판 클라인 아뇨, 더 들어봐요! 그래서 내가 택시 회사에 전화를 걸어서 항의했거든요. 그랬더니 관리자가 독일어로 대꾸하는 거예요. 재미있는 건, 내가 그 순간 이상한 낌새를 알아챘다는 점이에요. 난 지금 미국에 있는데, 웬 독일어? 꿈속에서는 비판적인 의식이 완전히 사라진다는 말은 옳지 않은 것 같아요.

앨런 홉슨 그 순간에 당신은 자신이 꿈을 꾼다는 것을 깨달았나요?

슈테판 클라인 이 꿈에서는 아니었어요. 하지만 그런 모순에 직면하면서 내가 꿈꾸는 중임을 명확히 깨달을 때도 실제로 있습니다. 혹시 교수님은 그런 자각몽도 자주 꾸나요?

앨런 홉슨 옛날에는 자주 꿨어요. 정말 끝내줬죠. 나는 내가 꿈꾼다는 것뿐 아니라 나의 행동을 결정할 수 있다는 것도 알았어요. 달리고, 날아가고, 터무니없이 멋진 동작을 내 마음대로 했죠. 할 수 없는 게 없었어요. 한마디로 나는 슈퍼맨이었습니다.

슈테판 클라인 왜 "슈퍼맨이었다"라고 과거형으로 말씀할까요?

앨런 홉슨 아쉽게도 이젠 나이를 먹어서 자각몽을 더는 꾸지 않으니까요. 내가 자각몽을 언제 제일 많이 꿨는지 아나요? 바로 병원에서 야근한 다음 날 오전에, 침대에 누웠을 때예요. 길거리의 소음이 쏟아져 들어오고 소방차들이 사이렌까지 울리는 통에 내 잠은 아주 얕을 수밖에 없었죠. 그럴 때 불현듯 내가 꿈꾸는 중임을 알아채곤 했어요.

슈테판 클라인 말하자면 교수님의 절반만 꿈꾸고, 나머지 절반은 깨어서 꿈꾸는 절반을 바라보는 형국이었던 거죠. 나는 교수님과 내가 지난밤에 겪은 일도 그런 식으로 이해해요. 우리는 한편으로는 꿈꿨지만, 또 한편으로는 의식이 명확하게 있었던 겁니다.

앨런 홉슨 나도 정확히 그렇다고 봐요. 자각몽을 꿀 때는 전혀 별개인 두 가지 의식상태가 공존합니다. 바로 그렇기 때문에 자각몽이 아주 흥미로운 현상이고요. 자각몽을 꿀 때는 뇌도 말하자면 두 부분으로 분리된다는 증거가 많이 있습니다. 이를테면 뇌의 앞부분이 뒷부분과 따로 놀 수 있겠죠.

슈테판 클라인 그건 정신분열병이잖아요.

앨런 홉슨 예, 맞습니다. 사실 놀라운 것은 우리가 그렇게 쉽게 정신분열병 상태에 이를 수 있는데도 평소에 우리 자신을 단일한 개인으로 경험한다는 점이에요.

슈테판 클라인 우리 각자가 여러 명이 아니라 한 명의 개인이라는 것도 알고 보면 우리의 상상에 불과할지 모르죠.

앨런 홉슨 솔직히 나는 최소한 여섯 개의 자아를 가진 것 같아요. 간단한 예로, 나는 프랑스어를 쓰면 다른 사람이 돼요. 또 꿈에서는 더 많은 측면이 드러나죠. 우리는 꿈을 꾸면서 우리의 의식을 탐구하는 거예요. 여전히 대다수 사람들은 꿈을 깨어있을 때 체험한 일의 잔향에 불과하다고 여기죠. 하지만 실제로 꿈은 이튿날을 준비하는 활동입니다.
그건 그렇고, 내가 병원에서 야근한 후에 자각몽을 자주 꾼 것은 내 잠이 얕았던 것 말고 시간과도 관련이 있어요. 지금 몇 시죠?

슈테판 클라인 9시 반이요. 왜 그러나요?

앨런 홉슨 당신이 가장 쉽게 렘수면에 빠져들 수 있는 시각이 다가오네요. 그 시각은 깊은 밤이 아니라 오전 11시거든요.

슈테판 클라인 기묘하네요. 난 지금 환히 깨어있거든요. 그런데도 지금 내가 잠들면 특히 강렬한 꿈을 꾸게 된다는 말씀이잖아요. 마치 꿈과 깨어있음이 서로 충돌하지 않고 나란히 함께 가는 듯하네요.

앨런 홉슨 예, 그렇습니다. 자, 당신이 지금 잠들면 자각몽을 꿀 가능성이 충분히 있어요.

슈테판 클라인 그래요, 비판적인 깨어있음 - 의식이 꿈속으로 끼어들 테니까……. 그런데 혹시 그 반대의 경우도 있는지 궁금하네요. 꿈이 깨어있음 상태 속으로 끼어들 수도 있나요?

앨런 홉슨 물론이죠. 수면실험실로 나를 찾아오던 그 손님, 그 섬뜩한 친구를 생각해보세요!

슈테판 클라인 그때 교수님은 밤을 새운 상태였죠. 하지만 어쩌면 뇌는 우리의 잠이 전혀 부족하지 않을 때에도 꿈을 꾸는 것 같아요. 꿈은 온종일 우리와 동행해요. 내가 짐작하기에 꿈은 이를테면 바닥 아래에서 계속 작동하는 것 같아요. 비록 우리는 그 꿈을 평소에 주목하지 않지만요.

앨런 홉슨 예, 맞습니다. 렘 시스템은 완전히 꺼지는 일이 절대로 없어요. 단지 억압될 뿐이죠. 렘 시스템은 깨어있음 상태와도 연결될 수 있습니다.

슈테판 클라인 그러면 어떻게 될까요? 많은 작가들은 잠에서 깨자마자 책상 앞에 앉거든요. 내가 짐작하기에 그 사람들은 꿈을 건져 내려고 그러는 것 같아요. 미국 소설가 록사나 로빈슨이 이런 말을 했죠.

그렇게 일어나자마자 책상 앞에 앉으면 자신은 "아직 꿈나라에 깊이 빠진 채로 경청할 수 있는" 정신 상태가 된다고요.

앨런 홉슨 옳아요, 그 소설가는 꿈이라는 무의식의 흐름에 도달하려고 애쓰는군요. 오전에는 그 흐름이 여전히 꽤 강하죠. 실험에서 밝혀졌는데, 렘수면은 폭넓은 연상을 촉진합니다. 얼핏 보면 전혀 상관없는 생각을 쉽게 연결할 수 있게 해주지요. 또한, 꿈은 가능한 세계에 관한 이야기이기도 해요. 그러니 작가와 예술가라면 당연히 특별한 관심을 기울일 수밖에요. 옛날부터 작가와 예술가는 꿈에서 착상을 얻었습니다. 우리는 그 방법과 과정을 더 자세히 탐구할 필요가 있습니다.

슈테판 클라인 왜 그 방면의 연구는 여전히 제자리걸음일까요?

앨런 홉슨 대다수의 과학자가 외눈박이어서 그래요. 뇌 과학의 데이터만 중시하든지 아니면 주관적인 경험만 중시하든지, 둘 중 하나만 보는 거예요. 거의 모든 과학자가 그렇죠. 하지만 이제 우리는 뇌에서 일어나는 과정과 우리가 주관적으로 경험하는 바를 연결할 수 있어요. 그렇게 해야 해요. 오직 그렇게 할 때만 우리는 언젠가 꿈의 형식뿐 아니라 내용도 이해하게 될 겁니다.

슈테판 클라인 하지만 우리가 정말로 그걸 원할까요?

앨런 홉슨 왜 원하지 않죠?

슈테판 클라인 우리가 꿈을 이해하게 되면, 아마 꿈은 더 이상 꿈꾸는 사람만의 비밀이 아닐 테니까요. 최근에 교토의 한 신경과학자 팀이 잠자는 사람의 뇌를 해독하는 데 성공했다고 합니다. 뇌 활동을 측정해서 꿈의 내용을 알아냈다는군요. 교수님이라면 남들이 교수님의 뇌를 그런 식으로 들여다보는 것을 허용하겠어요?

앨런 홉슨 예, 하겠습니다. 사람들이 자신의 꿈을 부끄럽게 여기는 것은 프로이트 때문에 발생한 풍습입니다. 그럴 이유가 없어요. 나는 한 번도 내 꿈을 비밀에 부친 적이 없습니다. 섹스와 폭력이 난무하는 꿈도 포함해서요.

슈테판 클라인 꿈을 기록하는 습관이 교수님의 삶에 어떤 변화를 가져왔나요?

앨런 홉슨 변화가 있긴 한데, 아마 당신이 생각하는 것보다 작은 변화일 겁니다. 하지만 내가 궁극적으로 바란 것은 꿈을 해석하는 것이 아니라 의식을 이해하는 것이었어요. 개인적으로 내가 몰랐던 것을 꿈에서 새롭게 알게 된 경우는 드물어요. 때때로 꿈은 내가 오래전에 마무리 지었다고 여겨온 문제가 여전히 나를 얼마나 강하게 옭아매고 있는지 알려줬죠. 이를테면 오래전의 경쟁 관계가 그런 문제더군요. 최근에 내 꿈에 한 동료가 나왔어요. 그 동료와 나는 20년도 더 전에 어떤 과학적 논쟁을 했었죠. 그 꿈을 꾸고 나서 나는 마침내 그 동료와 화해했습니다.

Wir könnten unsterblich sein

06

선의 유전자

인간은 천성적으로 이타주의자일까,
아니면 항상 이기적으로 행동할까? 진화는 정말로
이기주의자들을 우대할까? 동물학자 "리처드 도킨스"와 벌인 논쟁

Richard Dawkins

1941년 케냐에서 태어났다. 현재 옥스퍼드 대학교 대중과학이해학 석좌 교수로 있다. 1987년 영국 왕립학술원 문학상, 1990년 마이클패러데이상, 1994년 나카야마 프라이즈상, 1996년 올해의 휴머니스트상, 1997년 제5회 국제 코스모스상, 2001년 이탈리아 대통령 훈장 등을 받았다. 국내 출간된 책으로 『이기적 유전자』, 『만들어진 신』, 『눈먼 시계공』, 『현실, 그 가슴 뛰는 마법』, 『지상 최대의 쇼』, 『확장된 표현형』, 『악마의 사도』, 『에덴의 강』 등이 있다.

우리는 타고난 이기주의자일까? 리처드 도킨스는 1976년에 세간의 주목을 끄는 책 한 권을 출간했다. 당시에 그는 이름이 전혀 알려지지 않은 옥스퍼드 대학교 출신의 생물학자였다. 『이기적 유전자』라는 제목의 그 책은 우리 행동의 심층적인 원인에 관심이 있는 모든 사람의 필독서로 신속하게 자리 잡았다. 그 책에서 도킨스는 하나의 세계를 서술했는데, 그 세계에서는 유전자들이 우리를 철저히 이기적인 존재로 프로그래밍한다. 하지만 나는 그 책을 처음 읽었을 때부터 의문을 품었다. '사람들이 겉보기보다 덜 이기적일 수도 있지 않을까?' 긴 안목에서는 이기적 유전자가 아니라 이타성이 승리할 수도 있을 것이다. 이런 생각에 고무된 나는 결국 내 나름의 책을 쓰기까지 했다.

세상을 들끓게 한 첫 저서를 필두로 수많은 작품에서 대단한 달변으로 다윈주의적 세계관을 강력히 옹호해온 도킨스는 옥스퍼드 대학교의 과학 소통science communication 교수가 되었다. 최근에 그는 모든 종교의 격렬한 비판자로 나섰다. 사람들은 그를 "다윈의 로트바일러(Rottweiler, 덩치가 크고 사납기로 유명한 개 품종 - 옮긴이)"라고 부른다. 하지만 영국 분위기가 물씬 풍기는 자택의 테라스에서 나를 맞이한 도킨스는 알고 보니 매혹적인 대화 상대였으며, 인류의 안녕에 매우 깊은 관심을 가지고 있었다.

슈테판 클라인 도킨스 교수님, 교수님은 초대받은 손님들과 함께 카리브 해를 순항할 때 흥미로운 티셔츠를 입었습니다. 가슴에 "예수를 위한 무신론자들"이라는 문구가 새겨져 있었죠. 열대의 햇빛이 기독교에 대한 교수님의 사랑을 환히 비춰주던가요?

리처드 도킨스 나는 예수가 선한 사람이었다는 점을 분명히 하고 싶었습니다. 또 당대에 예수는 종교적일 수밖에 없었죠. 누구나 종교적이었으니까요. 하지만 오늘날 우리가 아는 바를 예수가 알았다면, 아마 예수는 무신론자가 되었을 겁니다. 그러면서도 박애 정신은 그대로 유지했겠죠. 나는 그렇게 추측합니다.

슈테판 클라인 "눈에는 눈, 이에는 이"라는 율법 대신에 예수는 원수를 사랑하고 필요하다면 반대편 뺨도 대주라고 가르쳤습니다. 교수님은 이 가르침이 반反혁명적이라고 쓴 적이 있죠.

리처드 도킨스 맞습니다. 정확히 말하면, 반다윈주의적이죠. 다윈주의는 제한적인 친절만 설명해주니까요. 하지만 일부 사람들, 심지어 어쩌면 많은 사람들은 엄청나게 친절한 것 같아요. 어쩌면 예수도 그런 사람이었을 겁니다. 우리는 그런 초超친절이 어디에서 유래하는지 숙고할 필요가 있어요. 초친절을 확산시키기 위한 노력도 해야 하고요.

슈테판 클라인 하지만 교수님은 초친절을 실천하는 사람은 다윈주의적 관점에서 볼 때 한마디로 멍청이라는 주장도 했습니다.

리처드 도킨스 예, 맞아요. 하지만 그와 유사한 사례가 많습니다. 피임과 입양도 반다윈주의적이죠. 친절하고 관대하게 굴기, 선을 행할 목적으로 기부하기 등등. 이 모든 것도 매우 반다윈적이에요.

슈테판 클라인 교수님이 보기에 이 행동들은 자신의 유전자를 퍼뜨리는 데 도움이 되지 않기 때문인가요?

리처드 도킨스 예.

슈테판 클라인 진화는 무자비하군요.

리처드 도킨스 몹시 무자비합니다. 다윈도 그걸 알았어요. 다른 많은 사람들도 진화의 무자비함을 보았고요.

슈테판 클라인 그리고 우리는 지금도 다윈의 법칙이 우리의 존재를 규정한다고 전제할 근거를 가지고 있습니다.

리처드 도킨스 예, 맞아요. 그래서 일부 사람들이 초친절을 실천하는 모습이 더욱 놀라운 것이죠.

슈테판 클라인 『이기적 유전자』에서 교수님은 우리 인간을 "유전자라는 이기적인 분자의 존속을 위해 맹목적으로 프로그래밍이 된 로봇"으로 묘사했습니다. 이기적인 유전자는 프랑켄슈타인 박사고, 모든 생물은 프랑켄슈타인 박사가 만든 괴물이라는 것이었죠. 이기적인 유전자는 일반적으로 이기적인 행동을 유발할 테니까요. 이 모든 표현을 지금도 그대로 유지하겠습니까?

리처드 도킨스 예.

슈테판 클라인 교수님의 책들을 펴낸 외국의 한 출판업자는 교수님의 글을 처음 접했을 때 사흘 동안 잠을 못 잤다더군요. 교수님의 글에 담긴 메시지가 너무 냉혹하고 음울하다고 느꼈답니다. 그런 글을 쓸 때 교수님 본인의 감정은 과연 어떠했을까요?

리처드 도킨스 음울하지 않았던 것은 확실해요. 오히려 진실을 감지했다는 생각에 흥분되었죠. 하지만 자연이 우리에게 도덕을 가르칠 수 있다는 생각은 전혀 하지 않았습니다.

슈테판 클라인 『이기적 유전자』에서 교수님은 진화의 관점을 대변합니다. 그런데 사람들이 보여주는 높은 수준의 이타성을 과연 그 관점에서 설명할 수 있을까요? 나는 어렵다고 봅니다. 일찍이 다윈은 젊은 시절에 비글호를 타고 세계를 일주하다가 티에라델푸에고에서 발가벗은 원주민들을 보고 경탄했습니다. 다윈은 그들을 "야만인"으로 칭했는데요, 그 야만인은 다른 문화권의 사람들과 접촉한 일이 전혀 없었어요. 그런데도 다윈은 그들의 예절과 정의감에 찬사를 보냈습니다. "사회적 본능"을 언급하면서요. 당연히 다윈은 그 사회적 본능을 설명할 길이 없었죠.

리처드 도킨스 다윈주의적인 설명 하나는 자연선택이 우리의 머릿속에 정교한 계산기를 내장해놓았다는 것이지 싶네요. 그 계산기는 말하자면 심리적인 금액을 계산합니다. 다른 집단과의 교역은 다윈주의적 관점에서 이로워요. 그래서 우리가 책임감, 부채감, 고마움을 느끼는 감각을 가진 것이고요. 이 모든 감정은 당신이 나에게 준 만큼 내가 당신에게 충분히 되갚았는지를 끊임없이 계산할 필요성에서 유래했습니다. 결국 사람들은 어쩔 수 없이 타인을 관찰하고 자기 자신의 평판을 고려하게 되었고요.

슈테판 클라인 교수님의 미국인 동료 로버트 라이트는 동정심조차도 사업 감각을 통해 설명할 수 있다고 여깁니다. 그는 이렇게 썼죠. "깊은 동정심은 고도로 특화된 투자 자문일 뿐이다." 교수님도 똑같은 견해를 밝힌 적이 있어요. "받는 사람의 처지가 절망적일수록 차용증에 적히는 액수가 커진다"라고요. 나는 아무리 좋게 생각하려 애써도 이 주장을 받아들일 수 없습니다. 타인의 목숨을 구해주면서 자신에게 돌아올 이득을 계산하는 사람은 없어요.

리처드 도킨스 맞습니다. 그 계산은 지성이 수행해야만 하니까요. 당신이 어떤 식물을 관찰하면서 이렇게 말할 수 있을 거예요. 이 식물에서 매우 복잡한 계산이 이루어지는군. 얼마나 많은 자원을 뿌리로 보내고, 잎으로 보내고, 또 꽃으로 보낼 것인지에 관한 계산 말이야. 생물학자에게 물으면, 그 자원 분배가 최적화되어있다고 대답할 거예요. 영양분이 정확히 번식에 필요한 만큼 꽃으로 가고, 정확히 햇빛에너지 수용에 필요한 만큼 잎으로 간다고요. 하지만…….

슈테판 클라인 식물이 그런 자원 분배를 숙고한다고 말하는 사람은 없죠. 동의합니다. 또 우리는 늘 자연스럽게 '가는 것이 있으면 오는 것이 있다'라는 원리에 따라 행동하죠. 하지만 이 원리로는 전혀 설명할 수 없는 일들이 많습니다. 폭발하는 수류탄을 자기 몸으로 덮쳐서 주위의 전우들을 구하는 병사를 생각해보세요. 그런 병사에 관한 이야기가 어느 전쟁에서나 나왔습니다.

리처드 도킨스 이타적인 행동이 명백한 오류인 경우도 많습니다. 군인이 전투 중에 용감하게 행동하면 사랑받게 되죠. 그러면 그의 번식 확률은 대폭 향상됩니다. 여기 영국에서 1차 세계대전 중에 한동안 처녀들은 군복을 입지 않은 남자에게 흰색 깃털을 선물했어요. 그 선물은 '겁쟁이'를 의미했죠. 이런 식의 사회적 압력은 아마 초기 인류의 사회에도 있었을 거예요. 그리고 그 압력이 남성들의 위험감수 성향을 높였다고 추론할 수 있겠죠. 때로는 지나치게 높였어요. 심지어 참전하지 않는 것이 합리적인 전략인 상황에서도 남자들은 여자들의 호감을 사려는 욕구를 비롯한 여러 생각에 이끌려 전쟁터로 나갔죠. 이것도 다윈주의적으로 설명돼요.

슈테판 클라인 독일에서는 병사들이 축제 분위기에 들뜬 상태로 1차 세계대전에 나섰지요.

리처드 도킨스 영국에서도 마찬가지였습니다. 당시에 로버트 브루크라는 시인이 이런 시를 지었어요. "우리에게 이 시기를 주셨으니 신이여, 감사하나이다." 많은 사람들이 그의 작품을 우러러보았지요.

슈테판 클라인 바로 그겁니다. 그 사람들은 자기 나라, 자기 사회를 위해 싸우는 것에 감격했던 것으로 보여요. 이런 희생 의지를 좋은 평판을 얻으려는 남성들의 욕구만으로 설명할 수 있을지 나는 의문입니다.

리처드 도킨스 당신의 의문이 타당할 수도 있겠네요.

슈테판 클라인 게다가 당연히 남성과 여성이 모두 이타적인 행동을 합니다. 심지어 그런 이웃사랑이 좋은 평판을 불러오지 않는 경우에도요. 감옥에 갇히거나 심지어 죽임을 당할 위험을 무릅쓰고 독재에 저항한 수많은 사람들을 생각해보세요.

리처드 도킨스 인간의 초친절을 설명하려면 아직 많은 연구가 필요합니다. 이 점에 대해서는 당신과 나의 견해가 다르지 않아요. 하지만 초친절은 인간 특유의 다른 성취들, 이를테면 음악, 철학, 수학에 비해 훨씬 더 불가사의한 수수께끼가 아닙니다. 생존 확률을 높이는 것과 음악, 철학, 수학의 발전이 어떻게 연결되는지 이해하는 것도 어려운 과제예요.

슈테판 클라인 내가 보기에 우리는 지난 30년 동안 이타심의 본성에 대해서 많은 것을 알아냈습니다. 또 진화 과정에서 이기적 유전자들이 타인을 배려하는 마음을 산출한 놀라운 방식을 우리가 이해하기 시작했다는 것도 나는 고무적이라고 느낍니다.

리처드 도킨스 동의해요. 우리는 다윈주의를 정교하고 섬세하게 이해해야 합니다. 아주 간단하고 투박하지만 내가 중시하는 예를 하나 들게요. 많은 사람들은 왜 곤충이 빛을 향해 날아가는지 궁금해합니다. 한 가지 가설은 자연적인 광원은 가까이 있는 것이 없고 해나 달 같은 천체들뿐이라는 점에 착안해요. 곤충은 광원이 사실상 무한히 멀리 있다고 철석같이 믿기 때문에, 광선에 대해서 일정한 각도를 유지하는 방향으로 날아간다는 거죠. 그러니까 만일 햇빛 광선을 기준으로 삼아서 그렇게 날아간다면, 곤충은 곧장 직선으로 날아갈 거예요. 반면에 촛불에서 나오는 광선을 기준으로 삼아서 그렇게 날아간다면, 곤충은 나선을 그리면서 불꽃 속으로 뛰어들게 되죠. 이 설명의 핵심은 이겁니다. 이 같은 곤충의 분신자살 욕구가 어떤 생존 가치를 가지느냐는 질문은 무의미하다는 것. 왜냐하면 분신자살 욕구는 전혀 존재하지 않거든요. 나방은 단지 오류를 범할 뿐이에요. 나방이 오늘날의 인공적인 환경에서 살기 때문에 발생하는 오류일 뿐이죠.

슈테판 클라인 교수님이 '반다윈주의적 어리석음'으로 칭한 초친절도 이런 식으로 설명할 생각인가요?

리처드 도킨스 사람들이 친척에게 친절한 이유는 다윈주의적 관점에서 쉽게 이해할 수 있습니다. 하지만 자연선택은 당신이 어떤 행동을 할 때 스스로 그 행동을 의식하도록 북돋지 않아요. 전혀 북돋지 않죠. 자연선택은 어림규칙을 장려합니다. 예컨대 새가 둥지에서 새끼들에게 먹이를 줄 때 어림규칙은 뭐냐하면, 불그스름하고 짹짹거리는 물체가 보이면 곧장 그 속으로 먹이를 집어넣어라, 예요. 그런데 이 어림규칙이 오류를 유발한다는 것을 뻐꾸기가 보여줍니다. 그런데도 이 어림규칙은 유지되지요. 인간에게 어림규칙은, 친절하게 행동하라, 예요. 작은 마을에서 살던 우리 조상들은 대개 친척만 상대했습니다.

슈테판 클라인 친척에게 친절하게 굴었고요.

리처드 도킨스 오늘날 우리는 대도시에서 살아요. 우리가 우연히 타인과 만날 때, 누구에게나 친절하게 굴라고 권하는 어림규칙은 다윈주의적 관점에서 볼 때 오류를 유발합니다.

슈테판 클라인 초기 인류가 친척끼리만 함께 살았다는 말을 누가 하던가요? 민족학자는 오늘날에도 존속하는 부족사회에서 더 큰 집단을 발견합니다. 그런 집단에서는 수렵자와 채집자가 친척 관계가 없는데도 책임지고 서로를 돕습니다. 뿐만 아니라 몇 달 전에는 침팬지에 관한 새로운 연구 결과가 발표되었죠. 침팬지들이 친척 관계가 없는 고아 새끼를 거둬서 양육한다는 보고였어요. 흥미롭게도 침팬지는 특히 이를테면 떠돌이 표범이 자기네 집단을 위협할 때 그런 양육 행동을 한다는군요.

리처드 도킨스 거기에 대해서는 공인된 다윈주의적 설명이 있습니다.

슈테판 클라인 상리공생을 말씀하는군요. 모든 개체 각각은 자기 집단이 너무 약해지지 않기를 바란다. 집단이 너무 약해지면 결국 개체 자신의 생명도 위험해질 것이기 때문이다.

리처드 도킨스 예, 그렇습니다. 게다가 집단이 상당히 작고 지속적이라면, 다행스럽게도 친척 관계와 상리공생이 같은 방향의 효과를 내죠.

슈테판 클라인 이타성을 다윈주의적으로 아주 잘 설명할 수 있다는 점은 나도 확신합니다. 하지만 그런 설명이 교수님의 출발점, 그러니까 아주 강하게 유전자에 초점을 맞추는 관점과 잘 조화되는지 의문이에요. 우리가 집단과 환경의 영향을 훨씬 더 중시해야 하지 않을까요?

리처드 도킨스 동의합니다. 단, 당신이 집단을 유전자 선택의 장場인 환경의 일부로 이해하는 한에서만이요. 자신이 집단 안에 존재한다는 점을 충분히 이용하는 유전자들이 가장 잘 생존합니다.

슈테판 클라인 미국 인류학자 세라 허디가 주목할 만한 이론을 하나 내놓았죠. 그녀는 인간 새끼를 양육하는 데 필요한 어마어마한 비용 앞에서 깜짝 놀랐습니다. 새끼들이 안정된 삶을 시작하는 데 필요한 만큼의 먹을거리를 자연에서 독립 생활하는 부모 둘이 꼬박 10년 동안 마련한다는 것은 전혀 불가능하다는 게 허디의 판단이에요. 그러니 인간은 공동체의 지원이 있을 때만 번식할 수 있겠죠. 인간의 뇌는 이례적으로 많은 학습을 하고 그래서 극도로 느리게 성숙하기 때문에, 우리의 유년기는 당연히 아주 깁니다. 그래서 인간은 가장 영리한 유인원으로 발전할 수 있기에 앞서 가장 친절한 유인원이 되어야 했다고 허디는 주장합니다.

리처드 도킨스 절로 고개가 끄덕여지는 주장이네요.

슈테판 클라인 하지만 허디가 옳다면, 우리의 협동 성향을 부산물이나 "오류"로 간주하는 것은 아주 심한 과소평가죠. 자연은 말 그대로 우리를 타자들과 협동하도록 제작했습니다. 『이기적 유전자』에서 교수님은 이렇게 썼어요. "우리에게 이타심을 교육하자. 우리는 이기적으로 태어났으니까." 교수님의 생각은 여전히 그대로인가요?

리처드 도킨스 거기는 내가 고쳐 쓰고 싶은 대목 중 하나입니다. 어쩌면 '이기적 유전자'라는 제목도 부적절했던 것 같아요. '이타적 개체'로 할 수도 있었는데.

슈테판 클라인 대다수 사람들은 타인을 돕거나 타인과 공유할 때 쾌감을 느끼도록 프로그래밍이 된 것 같습니다. 새로운 뇌 과학 실험에서 그 사실을 알 수 있어요. 피실험자들이 자발적으로 타인에게 무언가를 줄 때, 그들의 뇌에서는 우리가 초콜릿을 맛있게 먹거나 섹스를 만끽할 때 작동하는 회로가 활성화됩니다.

리처드 도킨스 위키피디아와 오픈 소스 소프트웨어 같은 현상도 그렇죠. 나는 위키피디아가 잘 굴러가리라고 생각하지 않는 편이었어요. 하지만 보아하니 잘 굴러가요. 사람들이 위키피디아에 많은 시간과 노력을 투입하고 있죠. 정말이지 나는 이런 현상을 더 잘 이해하고 싶습니다. 혹시 심리학적인 연구들이 이루어졌는지 모르겠군요. 그 사람들이 그렇게 공을 들이는 것은 당연히 돈을 위해서는 아니에요. 하지만 좋은 평판을 얻으려는 욕구가 그들의 동기일 수도 있지 않을까요? 그렇지 않다고 확신하나요?

슈테판 클라인 확신합니다. 위키피디아 저자들에게 동기를 물으면, 글을 쓰는 재미나 자신의 지식을 타인과 공유하는 기쁨을 언급합니다. 이런 이야기에 더 강하게 동의하는 저자일수록 위키피디아에 더 많이 기여하고요.

리처드 도킨스 나도 이해할 수 있습니다. 한때 내가 컴퓨터 프로그래밍에 중독된 적이 있어요. 당시에 나는 내가 나를 위해서 찾아낸 해법들을 다른 사람들이 이용할 수 있다는 사실에 가장 큰 가치를 부여했죠. 내가 선물한 프로그램을 타인이 받아들이지 않으면, 몹시 슬퍼졌고요.

슈테판 클라인 중요한 문제는 어떻게 하면 공유의 기쁨을 더 강화할 수 있느냐, 하는 것이라고 봅니다.

리처드 도킨스 우선 최소한 일부 사람들은 초친절하다는 사실에서 용기를 얻어야 할 것 같아요. 기존의 다윈주의에 대한 견해는 일단 제쳐놓고 말이죠. 그 사실에서 힘을 얻어야 한다고 봅니다. 우리에게는 도달 가능한 목표가 있으니까요. 또 교육은 어떻습니까? 어른들과 아이들에게, 당신은 어떤 세계에서 살고 싶은지 스스로 깊이 생각해보라고 말해야 합니다. 사람들이 곤경에 빠졌을 때 서로 돕는 세계에서 살고 싶은지 아니면 각자 독립적으로 사는 세계가 더 좋은지. 공감 능력을 키우기 위해서 이런 질문도 던져야 해요. "이것이 당신의 일이라면 당신의 느낌은 어떨까요?" 아이들은 이 질문을 아주 잘 이해합니다. 강한 정의감을 가졌어요. 어느 아이나 가장 즐겨 쓰는 말 하나는 "불공평해!"에요. 누가 자기보다 더 많이 받으면 곧바로 이 말을 하죠. 심지어 생명이 없는 자연을 두고도 불공평하다고 해요. "불공평해! 내 생일에는 비가 왔는데, 걔 생일에는 안 왔어!" 우리는 이런 점을 돌아봐야 합니다.

슈테판 클라인 우리의 정의감이 그렇게 비합리적일 때가 많다는 점을 돌아봐야 한다는 말씀인가요? 실제로 우리는 타인도 똑같은 피해를 당한다면 우리 자신의 피해를 대수롭지 않게 여기죠.

리처드 도킨스 더구나 우리가 정말 싫어하는 것은 누군가가 그 피해를 면하는 거예요. 대다수 사람들이 세금을 내는 영국 같은 나라에서라면 나는 내가 세금을 내는 것에 아무 불만이 없습니다. 하지만 거의 누구나 탈세를 일삼는 나라에서 산다면, 나는 세금을 내면서 무척 화를 낼 거예요. 그래서 나는 초친절의 보편화는 어려운 일일 것 같습니다. 질투심을 동반한, 어느 정도 제한된 친절만 강화할 수 있다고 봐요. 대다수 사람들은 자신의 친절을 너무 많은 사람들이 이용해 먹지 않는다고 느끼는 한에서 기꺼이 친절을 베푸니까요.

슈테판 클라인 바로 그렇기 때문에, 공정함과 이타심의 보편화를 위해서는 함께 사는 타인들의 선의에 대한 믿음이 아주 중요합니다. 예컨대 스위스 과학자들이 대학생을 대상으로 실험했어요. 대학생들이 등록금을 낼 때 외국인 학우를 위해 익명으로 기부금을 낼 의사가 있는지 설문지 조사를 했죠. 기부금의 액수는 스스로 정하도록 하고요. 이때 설문지의 절반에는 대다수 학우가 기부금을 냈다는 문구가 적혀있었고, 나머지 절반에는 정반대의 이야기가 적혀있었습니다. 실험 결과, 첫 번째 설문지를 받은 집단의 기부 의사가 훨씬 더 높게 나타났죠.

리처드 도킨스 수많은 실험에서 그와 유사한 결과가 나옵니다. 나도 그런 결과에 공감할 수 있고요.

슈테판 클라인 어쩌면 우리의 정의감이 깊은 의미에서 진화의 산물일 수 있겠네요. 자연에서는 상대적인 장점만 중요하고 절대적 지위는 중요하지 않으니까요. 내가 나의 환경에서 타인보다 더 잘 버티기만 해도, 나는 성공하잖아요.

리처드 도킨스 맞습니다. 고어 비달(미국 작가 - 옮긴이)이 남긴 상당히 냉소적인 명언이 있죠. "성공하는 것으로는 불충분하다. 타인이 실패해야 한다."

슈테판 클라인 교수님은 역사 속에서 종교가 이타심의 확산에 기여했다고 인정하겠습니까? 물론 오늘날에는 세속적인 도덕철학이 그 역할을 맡을 수도 있겠죠. 하지만 과연 우리가 종교 없이 여기까지 올 수 있었을지, 나는 회의적입니다.

리처드 도킨스 당신의 생각이 옳을 수도 있습니다. 역사 속에서 가치관이 변화하고 불과 10년 사이에도 아주 신속하게 개선되는 것을 보면, 참 대단하다는 생각이 들어요. 우리가 70년 전에 어땠는지만 생각해봐도 알죠. 그 시절에는 히틀러를 권좌로 올린 반유대주의적 정서를 영국의 모든 칵테일 파티에서 오가는 대화에서도 똑같이 느낄 수 있었어요. 흑인이 백인보다 덜 중요하다는 생각도 일반적인 통념이었고요.

슈테판 클라인 지금 사람들은 과거 어느 때보다 더 강하게 서로에게 의존해서 삽니다. 어쩌면 사람들이 이 사실을 깨닫기 시작한 것인지도 모르겠어요. 모든 한계를 뛰어넘는 협동과 공유를 배우는 것이 우리에게 남은 유일한 길이라고 봅니다. 아주 빠르게 한 덩어리로 얽히는 세계에서는 자기 이득의 원리만 따르는 사람이 점점 더 위험해질 거예요. 또 위험을 떠나서, 그 원리로 얻는 이득이 점점 줄어들 테고요. 당장 지금도 이타주의는 전혀 바보짓이 아니에요. 타인의 안녕을 고려하는 것이 성공의 비결이자 생존을 위한 필수 덕목으로 자리 잡는 추세입니다.

리처드 도킨스 그래요, 동의합니다.

Wir könnten unsterblich sein

07

자아라는 수수께끼

우리 자신을 아는 일의 어려움과 영혼의 존재 여부에 대해서
철학자 "토마스 메칭거"와 나눈 대화

Thomas Metzinger

1958년 독일에서 태어났다. 현재 마인츠 대학교에서 철학 교수로 있다. 인간에 대한 전통적인 사색과 뇌 과학의 결합을 꾀하는 신경철학의 개척자 중 한 명으로 꼽히며, 뉴욕 과학아카데미뿐 아니라 바티칸의 교황청 과학아카데미에서도 강연한다. 독일 철학자로는 드물게 국제적 명성까지 얻었다.

어떻게 나는 나의 고유한 세계관에 도달하게 되는 것일까? 내가 죽으면 무엇이 남을까? 철학자들은 수천 년 전부터 이런 궁극의 질문을 붙들고 씨름해왔지만, 최근 들어 뇌 과학자들이 철학자들의 말벗으로 나서고 있다. 두개골 밑의 세계를 측정함으로써 오래된 수수께끼에 접근하는 새로운 길을 열었다고 뇌 과학자들은 주장한다.

토마스 메칭거는 철학과 뇌 과학 양쪽 모두에 정통하다. 철학자로서 그는 자아라는 현상과 의식이라는 현상을 규명하려 애쓴다. 하지만 우리에게 꿈을 선사하는 뇌간 상부에서 포착되는 우연한 신호들, 체감각somatic sense의 발생, 공감을 담당하는 거울뉴런도 그 현상들에 못지않게 중요한 메칭거의 연구 주제다. 그는 인간에 대한 전통적인 사색과 뇌 과학의 결합을 꾀하는 신경철학의 개척자 중 한 명으로 꼽힌다. 또한 그런 신경철학의 개척자로서 독일 철학자로는 드물게 국제적 명성을 얻었다. 그는 뉴욕 과학아카데미뿐 아니라 바티칸의 교황청 과학아카데미에서도 강연한다.

훈스뤼크의 숲속 집에서 사는 메칭거는 마인츠 대학교에서 일한다. 그는 나를 교정의 케밥 식당으로 안내했지만, 그의 앞에 수북이 쌓인 고기 더미를 건드리지 않았다. 열여덟 살 때부터 채식주의자이며 술도 안 마신다고 했다. 전문 분야는 심리철학이지만, 윤리학도 연구하며 그에 못지않게 자각몽과 명상에도 관심이 있다. "또 실천을 통해서 의식을 연구하기도 하죠."

슈테판 클라인 메칭거 교수님, 교수님은 내가 부러워하는 체험을 했습니다. 신체이탈을 경험했다고 보고하는 글을 썼죠.

토마스 메칭거 예, 그때가 80년대 초였습니다. 나는 림부르크 남쪽의 외딴 방앗간에서 살면서 박사논문을 쓰고 있었어요. 어느 날 밤에 침대에 누웠는데, 내가 내 몸을 벗어나 떠오르는 느낌이 들더군요. 그래서 곧바로 실험을 하기 시작했죠. 방안을 잠깐 맴돌다가 열린 창가로 가서 양손으로 창틀을 어루만졌어요. 그다음에 창밖으로 뛰쳐나갔는데, 아래로 떨어지지 않고 위로 떠오르기 시작하더군요. 잠시 후에 나는 다시 침실로 돌아와서 85킬로미터 떨어진 프랑크푸르트에 사는 한 친구의 집까지 날아가 그 주변을 둘러보기로 했어요. 그러자 곧바로 내가 침실 벽을 통과해서 엄청난 속도로 전진하기 시작했습니다. 그 순간에 의식을 잃었습니다. 의식을 되찾았을 때는 이미 내가 다시 내 몸 안에 갇혀있었죠. 나는 이런 경험을 아마 예닐곱 번 했습니다.

슈테판 클라인 그 경험이 현실적으로 느껴지던가요?

토마스 메칭거 예, 지금 당신이 이 탁자를 보는 것만큼이나 현실적이었어요. 심리학을 전공하는 여학생이 있었는데, 나는 그 친구와 여러 번 끈질기게 토론한 다음에야 비로소 그 경험들이 진정한 감각지각일 수 없다는 점을 받아들였어요. 내가 신체이탈 경험을 마지막으로 한 때가 여러 해 전입니다. 아쉽게도 그 후로는 성공하지 못했어요. 만약에 누가 그런 경험을 다시 하게 해준다면, 나는 아주 큰돈을 지불할

용의가 있습니다.

슈테판 클라인 신체이탈 경험은 교수님에게 어떤 의미였을까요?

토마스 메칭거 우선 때때로 그 경험은 한마디로 아주 멋졌어요. 믿기 어려운 가벼움과 해방의 느낌을 안겨주거든요. 둘째로 그 경험은 철학과 과학의 관점에서 흥미롭죠. 자아감Ichgefühl의 여러 층을 가지고 실험할 수 있는 기회니까. 그것도 정신이 완전히 명료한 상태에서 말이에요. 당신이 날아다닐 수 있을뿐더러 당신의 몸과 똑같은 몸을 마주할 수 있다고 상상해보세요. 흔히 사람들은 외부에서 자기 몸을 보거나 어둠 속에서 자기 몸이 숨 쉬는 소리를 듣는 경험도 해요. 혹시 가위눌림을 경험해본 적 있나요? 당신이 꿈에서 깨어나 의식이 또렷한데 몸을 전혀 움직일 수 없는 것 말이에요.

슈테판 클라인 몹시 경악스러운 경험이죠. 자기가 죽었다는 느낌이 드니까.

토마스 메칭거 예, 가위눌림은 내가 느끼기에도 끔찍합니다. 하지만 그런 경악에도 불구하고 당신이 정신을 똑바로 차린다면, 당신은 신체이탈 경험에 아주 가까이 접근하게 됩니다. 거기에 약간의 행운이 보태지면, 당신은 의도적으로 당신의 몸에서 '벗어날' 수 있습니다. 내 관심사는 바로 이것입니다. 이 모든 경험을 하는 자아는 과연 무엇일까?

슈테판 클라인 교수님의 이야기는 부활을 연상시키네요. 마티아스 그뤼네발트(독일 르네상스 화가 – 옮긴이)는 〈이젠하임 제단화〉라는 작품에서 예수의 부활을 빛 덩어리가 죽을 수밖에 없는 껍질을 벗어나 떠오르는 모습으로 묘사했죠.

토마스 메칭거 그와 유사한 상상이 모든 문화에서 발견됩니다. 티베트 불교도들은 금강체diamond body를 이야기하고, 사도 바울은 신령한 몸spiritual body을 이야기합니다. 유대 전통과 아랍 전통에서도 루아흐Ruach나 루Ruh를 이야기하죠. 나는 그런 미묘한 재료로 된 몸이 실제로 존재한다고 믿습니다. 물론 그 '미묘한 재료'는 순전히 정보로 이루어졌지만요. 다시 말해서 그 '미묘한 재료'는 뇌가 자신이 관할하는 유기체에 대해서 가지는 내적인 표상이에요. 그건 그렇고, 신체이탈 경험은 그리 드물지 않습니다. 대략 열 명 중에 한 명이 신체이탈 경험자입니다. 어쩌면 모든 시대, 모든 문화권의 사람들이 그 경험을 설명해야 했다는 점이 영혼불멸사상이 발생한 주요 원인일지도 몰라요.

슈테판 클라인 하지만 철학자가 그런 경험을 탐구한다는 것은 드문 일이죠.

토마스 메칭거 안타깝게도 그렇습니다. 개인적인 경험은 실재에 관한 새로운 가설을 세우는 데 아주 큰 도움이 될 수 있어요. 반대로 추상적인 지식과 일상 경험에만 의지하면, 생각의 폭이 너무 좁아지기 십상이죠.

슈테판 클라인 교수님은 어쩌다가 철학자가 될 생각을 하게 되었을까요?

토마스 메칭거 피상적인 삶은 나에게 가능한 선택지였던 적이 한 번도 없었습니다. 어쩌면 내가 어려서 많이 아팠기 때문일지도 몰라요. 벌써 청소년기에 나는 사람이라면 삶의 출발점에서 맨 먼저 근본 질문에 답해야 한다고 생각했죠. 그래서 부모님을 당황시키면서 프랑크푸르트 대학교 철학과에 입학했습니다.

슈테판 클라인 교수님이 바란 대로 명료한 답을 얻었나요?

토마스 메칭거 처음에는 대학이 몹시 실망스러웠습니다. 철학 교수들은 진지하고 윤리적으로 완전해서 다른 사람과는 어딘가 달라야 한다고 나는 믿었거든요. 또 당시에 나는 대안운동 세력 중에서도 상당히 급진적인 진영에 가담했어요. 바야흐로 프랑크푸르트의 베스텐트Westen와 슈타르트반 베스트Startbahn West 지역에서 주택 점거 투쟁이 벌어지던 때였죠. 아침에 학교에 가면 유리창이 깨져있을 때가 많았어요. 경찰의 보호 아래 수업이 진행된 경우도 꽤 있었고요. 아무튼 내가 보기에 정치철학자들은 명확한 의사 표현을 기피하기 일쑤였죠. 또 당시에 스무 살이었던 나에게는 어차피 어떤 운동도 충분히 급진적이지 못했고요. 나는 강단 철학에 완전히 등을 돌리기 직전까지 갔었어요.

슈테판 클라인 그런데도 교수님은 강단 철학을 버리지 않았습니다.

토마스 메칭거 예. 몸-영혼 문제(Leib-Seele-Problem, 영어 표현은 mind-body - problem. 정신과 육체의 관계에 관한 문제 - 옮긴이)에 불붙듯이 매혹되었기 때문이에요.

슈테판 클라인 몸-영혼 문제라면, 우리의 내면적인 삶은 뇌 속 분자의 활동에 불과한가 아니면 그 활동과는 전혀 다른 무엇인가, 라는 수수께끼죠.

토마스 메칭거 나를 사로잡은 질문은 이것이에요. 뇌는 정신에, 또 정신은 뇌에 어떤 영향을 미칠까? 나는 동시에 여러 층에서 이 질문에 접근했습니다. 내가 쓴 석사논문의 제목이 「합리성과 신비주의」예요.

슈테판 클라인 교수님은 독일어권에서 '의식'이라는 주제를 새롭게 들고 나온 최초의 인물 중 한 명입니다. 용감한 행보였어요. 20년 전에는 의식에 대해 논하는 것이 진지한 학자에게는 어울리지 않았으니까요.

토마스 메칭거 당시에 사람들은 이 문제가 과학적으로 연구하기에는 너무 모호하다고 봤습니다. 실험적인 연구가 불가능했으니까요. 하지만 통념은 변하기 마련이에요. 지금은 선도적인 뇌과학연구소에서 의식에 대해 침묵한다는 것은 거의 있을 수 없는 일이죠. 비판철학이 자신의 평판이 땅에 떨어질 위험을 감수하는 것은 어쩌면 비판철학의 사명일 거예요. 비판철학은 개념을 명료화하고 금기를 제거해서 새로운 연구의 장을 열어야 합니다. 지금 학자들의 태도가 바로 그런 식으로 변하고 있습니다. 자아감과 내면적 관점을 엄밀한 과학의 대상으로 인정하는 방향으로 말이지요. 얼마 전에 유럽연합은 수백만 유로짜리 연구 계획을 발표했습니다. 그 연구에서 우리는 자아감을 가상 분신 doppelganger에 이입하는 시도를 할 겁니다. 장기적으로는 심지어 로봇에 이입하는 시도도 할 예정이고요.

슈테판 클라인 어떻게 자아감을 이입한다는 거죠?

토마스 메칭거 첫 단계는 이미 2007년에 성공했습니다. 사실 아주 간단한 실험이었어요. 한 연구원이 당신의 등을 쓰다듬는 동안, 다른 연구원이 당신의 뒤쪽에서 그 모습을 촬영하죠. 그 비디오는 컴퓨터로 처리되어 가상 영상으로 바뀝니다. 당신은 3D 안경을 쓰고, 그 영상을 보죠. 그러니까 당신의 등이 쓰다듬어지는 모습을 당신의 뒤쪽에서 보는 셈이에요. 그러면 당신은 불현듯 그 쓰다듬어지는 촉각을 당신의 실제 몸에서가 아니라 눈앞의 가상 분신에서 느낍니다. 자아감이 그 가상 분신에 이입되는 거죠.

슈테판 클라인 그렇다면 피실험자의 체험은 교수님이 젊을 때 했던 신체이탈 경험과 유사하군요. 물론 피실험자는 정말로 외부에서 자기 몸을 보는 것이 아니라 영상 속의 자기 몸을 보지만요.

토마스 메칭거 맞습니다. 진정한 신체이탈 경험은 아니에요. 피실험자가 분신의 눈으로 세계를 보지는 않거든요. 우리는 몸을 벗어나는 경험을 아직 제대로 시뮬레이션하지 못합니다. 이 경험은 요가 수행 중에도 일어나고, 뇌를 다친 뒤에도 일어나고, 수술 중에도 일어나는데, 그 양상은 사뭇 다를 수 있어요. 예컨대 내가 피실험자의 역할을 맡아서 나의 분신 속으로 들어가려 애쓰면 늘 곧바로 경미한 근육 경련이 일어나죠. 그렇지만 내가 철학자로서 그런 실험에 기여할 수 있었다는 점이 약간 자랑스럽기도 합니다.

슈테판 클라인 그런 실험에서 무엇을 기대하나요?

토마스 메칭거 우리가 우리 자신을 통일된 '자아'로 경험하는 것은 어떤 메커니즘들을 통해서일 거예요. 방금 언급한 것과 같은 실험을 통해서 뇌 과학자는 그 개별 메커니즘들을 연구할 수 있습니다.

슈테판 클라인 그러니까 무엇이 나에게 '나는 나다'라는 느낌을 제공하느냐, 하는 문제가 핵심이로군요. 오늘의 내가 어제의 나와 똑같은 인물이라는 나의 믿음, 나의 결정의 주인이 나라는 느낌, 내가 세계를 나의 개인적인 관점에서 지각한다는 점이 관건이네요.

토마스 메칭거 정확히 그렇습니다. 그런데 기초, 곧 가장 단순한 형태의 자아감은 무엇일까요? 일반적으로 우리는 개인적인 관점의 출처를 두 눈 사이의 한 점으로 여깁니다. 또한 다른 한편으로 우리의 자아에 공간적 부피를 부여하죠. 일반적으로 그 부피는 우리 몸의 부피고요.

슈테판 클라인 그래서 많은 사람들은 신체이탈 경험을 자아와 몸이 실제로 별개라는 의미로 해석하는군요.

토마스 메칭거 우리의 실험은 자기의식self-consciousness이라는 현상도 아주 자연스럽게 설명할 수 있음을 보여줍니다. 예컨대 무언가를 보는 자아와 만져서 느끼는 자아, 즉 몸과 동일시되는 자아를 분리할 수 있습니다. 뇌는 양쪽 관점 중 하나를 나머지 하나에 구애받지 않고 선택할 수 있는 것으로 보입니다. 예컨대 당신은 당신의 자아감을 외부의 분신에 이입하면서도 당신의 눈으로 세계를 바라볼 수 있죠.

슈테판 클라인 교수님의 생각에 따르면, 자기의식을 가진 자아는 그냥 존재하는 것이 아니라 뇌에서 구성되는군요.

토마스 메칭거 예, 그렇습니다. 자아는 사물thing이 아니라 과정process이에요.

슈테판 클라인 오랜 철학적 전통에서는 다른 견해가 지배적이었어요. 일찍이 플라톤과 아리스토텔레스는 우리의 자아에 관한 모든 질문들은 언젠가 끝난다는 입장이었죠. 우리 개인의 가장 깊숙한 내부에 영혼이라는 핵이 있고, 그 핵은 더 파헤칠 수 없다고 봤습니다.

토마스 메칭거 어쩌면 그 견해가 옳을지도 몰라요. 하지만 그렇다면 그 신비로운 핵과 우리가 이해할 수 있는 것들 사이의 경계선은 정확히 어디에 놓일까요? 오늘날 우리는 과학에서 '영혼'과 '자아' 같은 개념을 얼마든지 포기할 수 있음을 압니다. 우리는 자아감을 그런 개념을 동원하지 않고도 설명할 수 있어요. 이를테면 뇌가 자신이 속한 유기체의 모형을 산출하고, 전체로서의 개인은 그 모형을 모형이 아닌 것으로 경험할 수 있다는 식으로 말이죠. 아무튼 어떻게 인간에서 자기의식 같은 것이 발생했는가를 이해하는 데는 영혼이나 자아 같은 개념이 필요하지 않습니다. 자기의식의 발생을 진화론, 발달심리학, 사회학에 기초해서 훨씬 더 잘 설명할 수 있거든요. 철학에서도 불멸의 영혼 실체는 이미 오래전부터 거론되지 않습니다.

슈테판 클라인 문제는 이거예요. 우리가 현실적인 삶에서도 영혼과 자아 같은 개념을 포기할 수 있을까요? 나는 풍경이나 음악 또는 우연한 만남에 감동할 때마다 우선 뇌 속의 자아모형을 숙고할 능력도 없고 그럴 생각도 없어요. 그럴 때는 무언가가 나를, 혹은 다름 아니라 내 영혼을 흔들었다고 간단히 말하는 편이 훨씬 더 적절한 것 같아요.

토마스 메칭거 생활세계(Lebenswelt, 영어 표현은 life-world - 옮긴이)와 문학과 예술에서는 '영혼'이나 '자아' 같은 개념이 앞으로도 쓰일 겁니다. 거기는 과학과는 다른 층들이니까요. 만약에 우리가 과학의 자연주의적 인간상을 내세워 우리의 내면적인 체험을 간단히 논박하려 든다면, 그건 전적으로 틀린 행동입니다. 물론 지금 나는 그럴 전망이 없다고 보지만, 우리의 자연과학적 언어는 우리가 우리 자신을 거론하자마자 제구실을 못하게 될 수밖에 없음이 밝혀질 가능성도 충분히 있습니다.

주관적인 사실들이 존재하고, 과학적 세계관에 허점이 있을까요? 만약에 있다면, 나는 철학자로서 매우 흡족할 겁니다. 다만, 나는 당사자만 알 수 있고 다른 누구도 알 수 없는 주관적 사실이라는 것이 과연 무엇인지 아주 정확하게 알고 싶어요.

슈테판 클라인 교수님의 가장 중요한 저서는 제목이 영어예요. 『*Being No One*(아무도 아님)』. 교수님은 교수님의 자아가 교수님의 뇌가 만든 정교한 환상에 불과함을 보여주는 좋은 논증을 발견했을지도 모르겠습니다. 하지만 정말로 교수님 자신이 비현실적이라고 느끼나요? 정말로 교수님이 아무도 아니라고 믿을 수 있나요?

토마스 메칭거 참일 개연성이 아주 높지만 무턱대고 믿을 수는 없음이 밝혀진 것이 많아요. 당장 현대물리학을 생각해보세요. 내가 책의 제목을 그렇게 붙인 것은 아주 다양한 의미들을 담으려 했기 때문입니다. 이를테면 과학사에서 특수한 한 단계인 이 시대에 우리가 경험하는 문화적 · 인류학적 정체성 위기, 심리적 불안도 연상시키고 싶었어요. 내 책에 담긴 철학적 사상 하나는 우리 자아의 핵 따위도 없고 시간 속에서 존속하는 선명한 정체성 따위도 없다는 것이에요. 당신이 오늘 경험하는 메칭거는 3년 전의 메칭거와 동일하지 않아요. 기껏해야 유사할 뿐이죠. 이런 의미에서 우리는 아무도 아닙니다.

슈테판 클라인 어쨌든 교수님은 내 앞에 앉아있습니다. 자, 지금 나는 누구와 대화하고 있을까요?

토마스 메칭거 좋은 질문입니다. 내 몸은 당연히 실재해요. 그렇지만 오직 내 몸이, 심지어 뇌의 한 부분이 우리 대화의 책임자라고 할 수는 없죠. 왜냐하면 우리 둘 사이에서 일어나는 일, 이를테면 우리가 서로를 이성적인 개인으로 인정한다는 점도 마찬가지로 중요한 역할을 하니까요. 게다가 우리의 역사와 사회에서 유래한 영향도 있어요. 요컨대 지금 말하는 당사자는 전체로서의 개인인 셈이에요. 이 말이 정확히 무슨 뜻인지 밝혀내는 것은 내가 연구를 통해서 할 일이고요.

슈테판 클라인 하지만 교수님은 자신을 토마스 메칭거로 느끼잖아요.

토마스 메칭거 그건 내 뇌 속의 한 표상이 일으키는 결과일 따름이에요. 나는 그 표상을 그것의 본모습대로 경험하지 못하고요. 물론 믿기 어려운 이야기일 거예요. 기초적인 자아감은 진화의 산물입니다. 생존에 도움이 되거든요. 자아감을 산출하는 메커니즘을 꿰뚫어보는 것은 우리에게 무척 어려운 일입니다. 바로 그렇기 때문에 그 메커니즘이 이토록 성공적인 것이고요. 최근 연구들은 자기기만도 진화의 산물임을 보여줍니다. 긍정적인 환상을 스스로 만들면 확실히 이로울 수 있거든요. 모든 부모는 자기 자식이 평균 이상으로 예쁘고 똑똑하다고 느끼죠. 신체이탈 경험을 지극히 현실적인 경험으로 느끼는 것과 똑같아요.

슈테판 클라인 뭐 꼭 해야 할 말은 아니지만, 우리 아이들은 실제로 그래요.

토마스 메칭거 물론이죠, 당신의 자녀들은 유난히 귀여워요! 아마도 진화 과정에서 한 가지 망상 성향이 우리를 더 성공적이게 만든 것 같습니다. 자기기만은 우리를 더 유능하게 허세 부리고 과거의 패배를 더 잘 잊게 해주죠. 의욕과 자신감도 높여주고요. 마찬가지로 자신의 불멸성을 굳게 믿는 것, 혹은 자아를 과정이 아니라 사물로 간주하는 것도 이로운 듯합니다.

슈테판 클라인 반대로 해로운 점도 있을까요?

토마스 메칭거 이 자아 모형이 우리를 몹시 괴롭힐 때가 많다는 점이 문제예요. 알고 보면 이 자아 모형은 자연이 상당히 성의 없이 지어낸 허구거든요. 우리가 심리적으로 얼마나 쉽게 상처를 입는지 생각해보세요. 우리는 자존감을 높이고 타인을 인정하지 않으려고 끊임없이 애씁니다. 이성의 힘으로 그런 태도에서 벗어나려는 시도는 거의 부질없어요. 누가 우리를 멸시하면, 곧바로 우리는 상처를 입었다고 믿으면서 방어에 나서죠.

슈테판 클라인 신경심리학 실험들에서 알 수 있듯이, 뇌는 심리적 고통과 육체적 고통을 거의 구분하지 않습니다. 우리가 배척당한다고 느끼면, 예컨대 상처에서 피가 나고 통증이 생길 때 작동하는 것과 아주 유사한 감정 메커니즘이 작동하죠.

토마스 메칭거 맞아요. 인생에서 쾌락-고통-대차대조표는 가련할 때가 많습니다. 아무튼 오늘날 우리는 그 이유를 이해하기 시작했어요. 하지만 이 지식도 다른 지식과 마찬가지로 대가를 동반합니다. 자아감의 내적인 구조를 어렴풋이 짐작하기 시작하면서 우리는 고유한 정체성에 대한 순박한 믿음을 잃는 중이에요. 또 우리가 온갖 망상 시스템에 얼마나 취약한지 깨닫는 중이고요. 몇 가지 형태의 자기기만은 집단에서만 잘 작동합니다. 따라서 우리는 대단히 꺼림칙한 가능성에 직면하게 되죠. 우리의 실상은 실체적인 자아가 아니라, 현재와 개인의 울타리보다 훨씬 더 멀리까지 미치는 과정의 꿰뚫어볼 수 없고 덧없는 소용돌이일 가능성.

슈테판 클라인 환상에서 깨어나기는 신비주의자들의 오랜 목표죠. 불교 전통은 자아가 망상이라고 가르칩니다. 우리는 영혼도 없고 가장 깊은 내부의 본질적 핵도 없다는 거예요. 자신이 끊임없는 변화에 예속되어있음을 통찰하는 것이 해탈의 길이라면서, 오직 순간만이 실재한다고 해요. 기독교 신비주의자들도 비슷한 주장을 합니다. 우리가 고유한 자아에 매달리지 않을 때 비로소 더 폭넓은 실재에 접근할 수 있다고.

토마스 메칭거 신비주의자들은 대개 당대의 종교적 개념을 사용했죠. 하지만 오늘날 우리는 그들의 영적인 실천에서 교훈을 얻으면서 신앙체계에는 묶이지 않을 수 있어요. 그러면 우리 안에 내장된 망상 성향을 최소한 경감하는 형태의 자기 인식이 가장 엄밀한 과학적 관점에서 산출될 수도 있을 겁니다. 어쩌면 그런 식으로 인간의 고통에 대한 새롭고 더 깊은 이해에 도달하게 될지도 모르고요.

슈테판 클라인 그건 거의 모든 형태의 명상이 추구하는 목표네요.

토마스 메칭거 예, 맞아요. 어쩌면 우리는 명상을 통해서 우리 자신에 대하여 전혀 다른 유형의 앎에 도달할 가능성이 있습니다.

슈테판 클라인 하지만 교수님이 명상 중에 다시 자기기만에 빠지지 않는다는 것을 어떻게 알 수 있나요?

토마스 메칭거 바로 그 점이 문제입니다. 데카르트는 우리가 모든 것을 의심할 수 있지만 자신의 생각하는 정신이 마주한 사실만큼은 의심할 수 없다고 가르쳤어요. 내가 무언가를 확실히 안다면, 그 무언가는 내가 지금 생각하는 바로 그것이라고요. 그런데 이건 데카르트의 근본적인 오류입니다. 생각하는 정신이 정말로 나 자신의 정신일까요? 오늘날 우리는 우리가 자신의 의식에 대해서 언제든 부지불식간에 기만에 빠질 수 있음을 압니다. 20세기 신경심리학에서 밝혀진 사실이에요.

슈테판 클라인 신비주의자들은 절대적 확실성을 경험했다고 이야기합니다. "신은 영혼의 내부에 강림하는데, 영혼이 의식을 되찾았을 때는 자신이 신 안에 있었고 신이 자신 안에 있었음을 결코 의심할 수 없게 만드는 방식으로 강림한다." 스페인 카르멜회 수녀 아빌라의 테

레사가 쓴 글입니다. 나는 이런 묘사들이 대단히 인상적이에요. 물론 외부자가 이런 묘사를 특별히 중시하리라고 생각하지는 않아요. 회의주의자는 확실성 체험도 하나의 체험이고 따라서 환상이라는 입장을 언제나 견지할 수 있으니까요.

토마스 메칭거 당연히 그렇습니다. 어떤 사람이 한번 만취 상태에서 분홍색 생쥐들을 보았다고 해서, 분홍색 생쥐들이 존재한다고 결론 내릴 수는 없죠. 누군가가 신이나 선명한 근원의 빛을 보았다고 해서, 그런 것이 존재한다고 결론 내릴 수는 없습니다. 누군가가 확실성 체험을 했더라도, 그 사람이 정말로 앎을 얻었다는 결론은 결코 나오지 않아요. 그래서 철학적 인식론이 필요한 겁니다.

슈테판 클라인 바로 그렇기 때문에, 우리가 내적인 성찰을 통해 우리 자신에 대한 앎을 얻을 수 있다고 주장하기가 나라면 조심스러울 것 같습니다. 경험이 말해주듯이, 앎은 조금 다르잖아요.

토마스 메칭거 내 의견도 같습니다. 내면적인 체험은 앎이 아니에요. 하지만 급진적인 의심도 해결책은 아니죠. 물론 인류의 모든 전통에서 유래한 의식상태 변화와 영적인 경험에 관한 보고들을 진지하게 받아들이라고 강요할 수는 없습니다. 어쩌면 전부 다 환각이고 복잡한 자기기만인데, 그것들이 나중에 종교와 도덕의 주춧돌이 되었는지도 몰라요. 하지만 이렇게 판단하고 만족하는 태도는 의도적으로 바보인 척하기의 성격을 어느 정도 띱니다. 우리는 우리의 자기존중심을 내팽개

치지 말아야 해요. 오늘날 정말 흥미로운 질문은 이데올로기로부터 자유로우며 철저히 세속적인 형태의 영성이 존재할 수 있을까, 하는 것이에요.

슈테판 클라인 교수님이 말하는 영성은 무엇이고 이데올로기로부터 자유롭다는 것은 무슨 뜻일까요?

토마스 메칭거 근본적으로 개인적인 실행, 고유한 의식을 동반한 행위예요. 이 행위에서 관건은 좋은 느낌이 아니라 앎, 의식이 마주하는 참됨wahrhaftigkeit이죠. 한마디 보태자면, 과학자의 지적인 정직성은 이 영적인 마음가짐의 특수한 형태입니다. 그 정직성과 이 영적인 마음가짐을 내적인 행위의 윤리가 연결해주니까요. 종교는 우리에게 형이상학적 플라세보 효과를 제공합니다. 자신이 불멸한다는 믿음, 또는 인격신의 뜻에 따라 자신이 존재한다는 믿음을 마치 위약僞藥처럼 주는 거죠. 오늘날의 지식은 이런 믿음을 거의 옹호하지 않습니다. 그렇다면 일시적인 과도기에 우리는 언어로 파악할 수 없는 실재, 우리가 전혀 모르는 것에 대해 열린 마음을 유지하면서도 또 다른 망상 시스템에 빠져들지 않을 수 있을까요? 어쩌면 50년이나 200년 뒤에 우리 후손들이, 특정한 조건들을 갖춘 신비주의적 체험들은 실제로 앎의 한 형태인데 우리가 생각한 것과는 전혀 다른 형태임을 밝혀낼지도 모릅니다.

슈테판 클라인 하지만 나는 인간이 신앙에 전혀 의지하지 않고 그런 목표에 도달할 수 있을지에 대해서 회의적이에요. 예컨대 규칙적으로 명상하려면 강한 자기 규율이 필요합니다. 게다가 명상에서 얻는 경험이 유쾌하기만 한 것은 전혀 아니에요. 때로는 정말 당황스럽죠. 편한 확신을 떨쳐내고, 결국엔 자기 자신에 대한 생각마저도 떨쳐내야 하잖아요. 그러려면 강력한 동기가 필요합니다.

토마스 메칭거 종교적 자기기만이 그 동기를 강화할 테고요. 하지만 명상은 검증 가능한 효과도 많이 냅니다. 심인성 질병이 개선되고 집중력과 삶의 만족도도 향상되죠. 게다가 외부자도 갖다 댈 수 있는 고전적인 잣대가 수백 년 전부터 있습니다. 바로 지각 가능한 윤리적 완전성, 이타적 행동이죠. 실제로 성자의 특징이 윤리적 완전성이라고들 해요. 그런데 참된 선함과 사랑으로 충만한 동정에 기초해서 이타적으로 행동하는 성자와 복잡한 망상 시스템에 이끌리는 사람을 어떻게 구분할 수 있을까요?

슈테판 클라인 하루아침에 성자가 된 사람은 없거나 극히 드뭅니다. 교수님이 이야기하는 효과들은 여러 해 동안 노력한 다음에 비로소 나타나는 경우가 많아요. 그 기간 동안 수행자는 자신의 노력이 효과를 낼 것이라고 믿어야 하고요.

토마스 메칭거 이 대목에서도 세속적 영성을 기초로 새로운 관점을 개발해야 할 것 같습니다. 오늘날 우리는 어떤 스승의 교설을 맹목적으로 따르는 대신에 무엇이 실제로 효과가 있는지 시험해볼 수 있습니다. 그렇게 과학, 철학, 수백 년에 걸친 경험적 지식을 조합해서 더 나은 형태의 명상을 개발할 수도 있으리라고 봅니다. 하지만 당신의 지적도 일리가 있다고 인정해요. 우리가 미래에 신앙 없이 살아갈 수 있을까, 라는 아주 근본적인 질문은 여전히 열려있습니다. 나 자신도 회의적인 편이에요. 우리는 이미 기후재앙 때문에 곤경에 처했지 않습니까. 사람들이 개인적인 보상을 바라지 않고 그냥 올바르게 행동할 수 있을까요? 그렇게 행동하는 법을 배우는 것은 만만한 과제가 아닐 성싶네요.

Wir könnten unsterblich sein

Wir könnten unsterblich sein

08

세상의 모든 사람이 친척입니다

유전체가 들려주는 역사,
그리고 우리와 네안데르탈인의 공통점에 대하여
유전학자 "스반테 페보"와 나눈 대화

Svante Pääbo

1955년 스웨덴에서 태어났다. 현재 독일 막스플랑크 진화인류학연구소 소장으로 있으며, 네안데르탈인 유전체 연구의 세계적 권위자다. 1992년 독일연구협회가 독일 연구원에게 수여하는 최고 영예상인 고트프리트 빌헬름 라이프니츠상과 2009년 키스틀러상, 2013년 그루버상 등을 받았다.

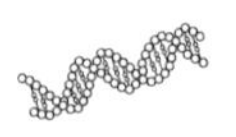

우리는 어디에서 왔을까? 자신의 뿌리를 찾아 아주 먼 과거를 살피는 사람은 드물다. 친척들의 기억과 여러 자료를 되짚어 몇 세대 위로 올라가면, 거의 모든 가족의 역사는 희미해진다. 심지어 역사학자들이 의지하는 최선의 출처도 중부 유럽에서는 예수의 시대까지 거슬러 오르는 것이 고작이다. 더 먼 과거의 까마득한 시간에 대해서는 오래된 뼈와 신화만이 이야기해준다. 하지만 스반테 페보는 그 과거에 접근하는 새로운 길을 열었다. 그는 우리의 기원에 관한 증거들을 우리 자신 안에서, 우리의 유전자에서 탐색한다. 그는 지금 살아있는 사람들의 유전체에서 과거를 읽어내는 법을 터득했을 뿐 아니라, 몇 만 년 전에 죽은 조상들의 유전자도 재구성한다. 연구할 재료는 미라, 화석, 심지어 동굴에서 채취한 건조된 배설물에서도 얻는다. 그렇게 페보는 고古유전학이라는 분야의 주춧돌을 놓았다.

그는 스톡홀롬에서 1955년, 에스토니아 여성 화학자인 어머니와 훗날 노벨 생리의학상을 받은 아버지 사이에서 태어났다. 현재 그는 라이프치히에 있는 막스플랑크 진화인류학연구소의 소장이다. 4층에 위치한 그의 실험실로 가기 위해 엘리베이터를 타면, 수많은 홀드가 설치된 인공암벽을 지나치게 된다. 열렬한 스포츠 클라이밍 애호가인 페보가 건물 로비에 설치한 인공암벽이다. 위에서는 네안데르탈인 골격의 모조품이 방문객을 맞이한다.

슈테판 클라인 페보 소장님, 성서를 읽어보면 신은 흙으로 아담을 빚었다고 합니다. 반면에 북아메리카 호피 족은 성스러운 거미 여인이 자신의 침으로 최초의 인간을 직조했다고 이야기해요. 우리가 어디에서 왔는가, 라는 질문은 왜 이렇게 사람들의 상상력을 자극할까요?

스반테 페보 우리가 누구인지 알고 싶기 때문이죠. 그리고 역사가 이 궁금증을 풀어주리라는 기대가 있고요.

슈테판 클라인 그런데 우리 유럽인은 네안데르탈인이라고, 최소한 부분적으로 그렇다고 소장님은 설명했죠. 소장님이 발견한 것이 정확히 무엇인가요?

스반테 페보 네안데르탈인이 완전히 소멸한 것이 아니라 말하자면 아프리카 바깥의 모든 인간 안에 여전히 살아있다는 것을 발견했습니다.

슈테판 클라인 지금까지의 통설은 네안데르탈인이 깡그리 사라졌다는 것이었죠. 정신적으로 우월한 호모사피엔스가 네안데르탈인을 야수로 간주했기 때문에 그렇게 되었다고요.

스반테 페보 예, 그렇습니다. 우리는 화석에서 네안데르탈인의 유전물질을 채취해서 유전체 서열을 판독했어요.

슈테판 클라인 서열 판독이라면, 해독을 말씀하는군요.

스반테 페보 네안데르탈인의 유전자 서열을 오늘날 인간의 그것과 비교해보면, 유럽인에서는 일치가 발견됩니다. 아프리카인에서는 그렇지 않고요.

슈테판 클라인 우리 조상 중에 일부가 네안데르탈인과 짝짓기를 했겠죠.

스반테 페보 그것이 가장 간단한 설명입니다. 아메리카대륙의 원주민이기도 한 아시아인, 그리고 오세아니아인에서도 유럽인에서 발견된 것과 동일한 일치가 발견되죠. 추측하건대 네안데르탈인과 현대인이 서아시아에서 짝짓기를 한 것 같아요. 최초의 현대인이 아프리카를 벗어난 후에 서아시아에 정주하던 네안데르탈인과 만났겠죠. 그 후에 현대인과 네안데르탈인 사이에서 태어난 후손이 다른 모든 대륙으로 퍼져나갔을 테고요.

슈테판 클라인 그럼 네안데르탈인은 어디에서 왔죠?

스반테 페보 역시 아프리카에서 왔어요. 하지만 네안데르탈인의 조상은 아마도 40만 년 전에 이미 북쪽으로 이동하기 시작했습니다.

슈테판 클라인 일반적으로는 남성 정복자가 정주하는 여성을 아내로 삼습니다. 그런데 내가 소장님의 글을 제대로 이해했다면, 이 경우에는 오히려 이동 중인 호모사피엔스 여성들이 건장한 네안데르탈인 남성들에게 매력을 느꼈어요. 오직 여성이 후손에게 물려주는 특정한 DNA 토막에서 네안데르탈인의 유전자는 발견되지 않는다는 사실이 그 증거죠.

스반테 페보 예, 맞아요. 하지만 그건 우연일 수도 있습니다. 성염색체에서 반대 증거들도 발견되었거든요. 현대인 여성뿐 아니라 남성도 네안데르탈인과 섹스를 했습니다. 남성보다 여성이 더 많이 했느냐, 라는 질문은 아직 확실히 대답할 수 없고요.

슈테판 클라인 어쨌든 현대인, 곧 호모사피엔스와 네안데르탈인이 꽤 오랫동안 함께 산 것은 분명하죠.

스반테 페보 아주 오랫동안 함께 살았어요. 현대인은 약 10만 년 전에 서아시아에 나타났습니다. 네안데르탈인은 그곳에서 아마도 6만 년 전에 사라졌고요.

슈테판 클라인 유럽에서는 심지어 3만 년 전에도 네안데르탈인이 살았죠. 기후 변화 때문에 네안데르탈인이 북쪽으로 이동한 걸까요?

스반테 페보 알 수 없습니다. 어쩌면 자원을 둘러싼 경쟁이 있었는데, 언젠가 네안데르탈인이 그 경쟁에서 졌을지도 모르죠.

슈테판 클라인 우리는 선사시대의 역사를 일종의 진보로 생각해왔습니다. 사람 속屬에서 한 형태가 물러나고 더 나은 형태가 등장하는 식으로 질서정연하게 교체가 반복되는 역사로 말이죠. 하지만 새로운 증거들은 전혀 다른 사실을 보여줍니다. 사람 속의 다양한 형태들이 동시에 살았어요. 마치 진화가 사람 속의 다양한 형태들을 가지고 실험을 했던 것처럼 말이죠. 최근에 인도네시아 플로레스 섬의 한 동굴에서 난쟁이처럼 작은 인간의 화석이 발견되었어요. 덕분에 우리는 그런 왜소한 인간 형태를 처음 알게 되었고요. 그 인간 형태를 영화 〈반지의 제왕〉에 나오는 인물에 빗대서 호빗hobbit이라고도 부르죠.

스반테 페보 그래요, 그 플로레스인은 기껏 성장해도 오늘날의 다섯 살 꼬마만 했어요.

슈테판 클라인 그들은 1만 2000년 전에야 소멸했습니다. 그때는 현대인이 그 지역에 나타난지 한참 뒤였죠. 게다가 작년에 소장님은 데니소바인에 대한 연구 결과를 발표했어요. 데니소바인은 이제껏 알려지지 않은 종인데, 4만 년 전에도 시베리아에서 어슬렁거렸죠. 그들은 어떤 모습이었나요?

스반테 페보 우리가 아는 것은 그들의 치아가 컸다는 것뿐입니다. 이걸 보세요. (물품 보관용 장에서 투명한 통을 꺼낸다. 그 속에 거대한 어금니가 있다.) 이 어금니를 러시아 과학자들이 2008년에 시베리아의 한 동굴에서 발견했습니다. 이 어금니하고 새끼손가락 뼈의 일부만 발견되었어요. 하지만 유전자 분석을 통해서 우리는 그것이 이제껏 알려지지 않은 인간 형태의 잔해라는 점과 그 인간 형태가 오스트레일리아인, 뉴기니아인, 동아시아인과 짝짓기를 했다는 점을 입증할 수 있었어요. 미래에는 틀림없이 그런 최소한의 발굴물에서 사람 속屬의 거주 역사에 대해 훨씬 더 많은 것을 알아낼 수 있을 겁니다.

슈테판 클라인 호빗이 현대인 사이로 스며들고, 네안데르탈인 여성들이 데니소바인 남성들의 매력에 넋을 잃고……. 이건 내가 보기에 공상과학소설에 더 어울리는 시나리오예요!

스반테 페보 하지만 그것이 평범한 상황이었습니다. 독특한 것은 오히려 우리 현대인이 세계를 독차지한 최근 2만 년 동안의 상황이에요. 다른 인간 형태들이 조금 더 오래 존속했더라면 어떻게 되었을까, 라는 질문을 나는 던지곤 합니다. 만약에 그랬더라면, 오늘날 이런 최악의 인종차별이 존재할까요? 그런 식으로 인간과 동물 사이의 경계선이 흐릿했더라면, 어쩌면 우리가 우리 자신을 덜 특별한 존재로 느끼게 되지 않았을까요?

슈테판 클라인 비관론자라면 이렇게 대답할 것 같아요. 우리 인간은 정말 가소로운 이유만으로도 다른 존재들과 우리 사이에 경계선을 긋는다고요.

스반테 페보 맞는 말입니다. 비관론자는 또 이렇게 덧붙이겠죠. 현대인이 나머지 인간 형태들을 성공적으로 제거해버렸으니, 다음 차례는 생물학적으로 우리의 가장 가까운 친척인 침팬지다.

슈테판 클라인 왜 우리가 이겼을까요? 네안데르탈인은 우리보다 힘이 세고 뇌도 더 컸어요. 병자를 돌보고 오두막을 지었는가 하면, 도구와 장신구도 만들었죠.

스반테 페보 하지만 네안데르탈인은 끝내 큰 바다로 나가지 않았습니다. 어쩌면 그럴 능력이 있었는데도 불구하고 말이죠. 그래서 그들은 현대인처럼 아메리카 대륙과 오스트레일리아에 도달하지 못했죠. 네안데르탈인에게는 우리 조상들에게 있었던 무모함이 없었던 거예요. 뗏목에 오르는 사람 중 대다수가 죽을 것이 뻔한데도 항해에 나서는 무모함. 그 무모함 덕분에 우리는 지구의 가장 외진 곳까지 거주지로 삼았어요. 미래에는 어쩌면 화성에도 진출할 지 모르고요. 우리는 결코 멈추지 않아요. 약간 미쳤다고 봐야죠.

슈테판 클라인 그런 무모함은 소장님이 과학자로서 성공한 원인들 중에 상당히 중요한 것으로 꼽을 만합니다. 소장님은 학생 때 혼자서 베를린 페르가몬 박물관이 소장한 미라의 유전물질을 해독해서 언론의 주목을 받았죠. 어떻게 그럴 생각을 했나요?

스반테 페보 나는 늘 옛날에 관심이 많았어요. 그래서 이집트학을 공부하기 시작했고 무덤 발굴을 꿈꿨죠. 하지만 그 시절에 웁살라에서 특히 이집트어를 배우느라 고생하게 되었을 때, 당혹감 속에서 학업을 중단하고 의학으로 전공을 바꿨습니다. 박사과정을 밟을 때, 당시로써는 새로웠던 DNA 복제 방법을 배웠어요. 그 방법을 쓰면, 미량의 유전물질을 증식해서 분석할 수 있었죠. 나는 이집트 미라에서 채취한 유전물질도 복제할 수 있지 않을까, 하는 생각을 했어요. 그래서 표본 몇 점을 구했죠.

슈테판 클라인 지도교수의 의견은 어땠나요?

스반테 페보 지도교수는 까맣게 몰랐어요. 내가 밤에 연구했거든요. 현미경으로 보니까, 실제로 그 오래된 세포들 속에 아직 유전물질이 들어있더군요. 가장 상태가 좋은 미라들은 당시 동베를린에 있었어요. 나는 거기로 갔고, 과거에 나에게 이집트학을 가르쳐준 교수의 주선으로 미라 23점에 접근할 수 있었어요. 한 미라에서 얻은 DNA를 복제할 수 있었고요. 2400년 전에 죽은 아이의 미라였어요. 나는 연구 결과를 우선 얌전히 동베를린 아카데미의 저널에 발표했습니다. 1년 뒤에는 그 미라의 사진이 《네이처》 표지에 실렸고요.

슈테판 클라인 《네이처》라면 세계에서 가장 권위 있는 과학저널이라고 할 만합니다. 그때가 1985년이었죠.

스반테 페보 동독 비밀경찰은 그제야 사태를 파악하고 박물관에서 일하는 모든 사람을 조사했어요. 그 후에 내가 다시 동베를린에 갔을 때는 다들 나를 기피하더군요. 웁살라는 잘 알려진 반사회주의 선전의 중심지라면서요.

슈테판 클라인 스물아홉 살의 과학자가 그 정도로 주목받는 것은 대단한 성공입니다. 그로부터 3년 전에는 소장님의 아버지인 수네 베리스트룀이 노벨 생리의학상을 받았죠. 그렇게 유명한 아버지를 둔 탓에 소장님이 특별한 압박을 느끼거나 하지는 않았나요?

스반테 페보 전혀요. 내가 그분 아들이라는 것을 아무도 몰랐습니다. 우리 어머니는 그분과 함께 살지 않았어요. 나는 어린 시절에 토요일에만 그분을 봤죠. 그분이 토요일에 실험실에서 일한다고 가족들에게 말해놓고 우리에게 왔거든요. 물론 그분의 아내는 모든 것을 알고 있었어요. 하지만 심지어 나의 이복형제조차도 그분이 죽기 직전까지 나에 대해서 전혀 몰랐습니다. 그분이 노벨상을 받았을 때, 나는 기뻤어요.

슈테판 클라인 소장님은 유전자 연구를 통해서 파라오들의 진정한 혈연관계를 밝혀내려 했다던데, 정말 그랬나요?

스반테 페보 이집트 역사에 관한 근본적인 질문 중에서 텍스트 자료에서는 어떤 관련 정보도 얻을 수 없는 그런 질문에 답하고 싶었어요. 예컨대 알렉산드로스 대왕과 함께 많은 그리스인이 이집트에 들어왔을까요? 하지만 내 꿈은 실현되지 않았습니다.

슈테판 클라인 왜 그랬죠?

스반테 페보 미라 유전물질은 아주 심하게 훼손되어 있습니다. 또 그 유전물질을 섣불리 채취하다가는 현대의 DNA와 섞여 오염되기 십상이죠. 그런데 당시에 우리는 이런 문제를 몰랐어요.

슈테판 클라인 《네이처》 논문은 오류에서 비롯되었습니다. 소장님이 파라오 자식의 유전자라고 여긴 것이 실은 소장님 자신의 유전자였죠.

스반테 페보 고대의 세포핵에서 DNA를 제대로 채취한 것은 분명해요. 하지만 우리가 제시한 DNA 서열은 아마도 나의 유전체에서 유래한 것 같습니다. 우리는 그 서열이 아마도 고대의 것이 아니라는 사실을 2년 뒤에 스스로 발표했죠. 그러다 보니 나는 박사학위를 받은 후에 이런 질문에 직면했어요. 이 연구를 계속 해야 할까 아니면 차라리 의학적으로 유용한 연구로 방향을 돌려야 할까? 나는 첫 번째 길을 선택하고 캘리포니아 주 버클리의 한 연구소로 갔지요. 그곳에서는 콰가얼룩말의 유전체에 대한 연구가 이루어지고 있었어요. 이 멸종한 얼룩말을 연구할 때는 오염 문제를 걱정하지 않아도 되었어요. 인간의 DNA는 콰가얼룩말의 DNA와 모양이 다르니까요. 그 후에 나는 다른 멸종 동물의 유전자를 연구했습니다. 거대한 땅나무늘보, 오스트레일리아 주머니늑대, 온갖 맹금을 연구했어요.

슈테판 클라인 당시는 영화 〈쥐라기 공원〉이 세계적으로 흥행하기 전이었죠.

스반테 페보 그 영화의 원작이 마이클 크라이튼의 소설인데요, 우리 연구소가 그 소설에 영감을 제공했습니다. 거기에 이런 문장이 나와요. "과학자 몇 명이 멸종한 말의 DNA를 찾아내면서 모든 일이 시작되었다."

슈테판 클라인 〈쥐라기 공원〉에서는 멸종 동물이 부활합니다. 소장님은 그런 일을 상상할 수 있나요?

스반테 페보 공룡의 부활이요?

슈테판 클라인 매머드의 부활이라고 합시다.

스반테 페보 영화에서처럼 소박한 방식으로는 안 된다고 봅니다. 매머드를 부활시키려면 얼어 죽은 매머드의 세포가 필요할 거예요. 모든 유전자 각각을 온전한 상태로 보유하고 있는 세포 말이에요. 그런데 그런 세포를 발견하는 일은 결코 없을 겁니다. 영원히 없을 거예요. 그런데 하버드 대학교에서 일하는 나의 동료 조지 처치는 다른 시나리오를 이야기하고 다녀요. 지금 우리가 네안데르탈인 유전체를 잘 알고 나면, 현대인의 DNA를 채취해서 말하자면 네안데르탈인 상태로 재프로그래밍할 수 있다는 거예요. 이 작업을 인간 배아 줄기세포 속에서 하면, 네안데르탈인 아기를 생산할 수 있다고 해요.

슈테판 클라인 그 배아를 임신할 대리모만 구하면 되겠군요.

스반테 페보 하지만 모든 기술적 난점은 일단 제쳐 두더라도, 인간 유전체를 가지고 그런 작업을 하면 안 되죠. 내가 처치에게 이런 얘기를 하면, 그는 이렇게 대답해요. "좋아, 그럼 우리는 침팬지 유전체를 개조할게." 아니, 침팬지를 개조하면 뭐가 더 나아지나요? 어차피 순전히 호기심을 채우기 위해 인간적인 존재를 생산하겠다는 것이잖아요. 반면에 나는 다른 작업을 상상합니다. 네안데르탈인 유전자 몇 개를 인간 성체 줄기세포 속에 집어넣고 어떤 일이 일어나는지 관찰할 수 있을 법해요.

슈테판 클라인 모든 작업이 순조롭게 진행되면 그 줄기세포들이 장기 조직으로 발달하겠죠. 그러면 소장님은 시험관 속에 담긴 네안데르탈인의 간이나 뉴런을 얻을 테고요. 지금 그런 연구를 하나요?

스반테 페보 지금은 아니에요. 하지만 앞으로 할 수도 있다고 생각해요.

슈테판 클라인 우리가 몇 년 전에 마지막으로 만났을 때 소장님은 인간의 말하기 발달에 관여하는 폭스피투FOXP2라는 유전자를 생쥐에 이식하려 한다고 이야기했습니다. 실제로 해보니까 어떤 결과가 나왔나요?

스반테 페보 생쥐가 말을 합니다.

슈테판 클라인 예? 대체 무슨 말을 하나요?

스반테 페보 그래요, 정확히 얘기합시다. 우리가 인간화한 생쥐들이 정말로 말을 하는 건 아니에요. 하지만 그 생쥐들은 평범한 생쥐들과는 다른 울음소리를 냅니다. 간단히 말하면, 목소리가 더 낮아요. 또 우리는 근육 제어를 담당하는 뇌 부위들에서도 차이를 발견했어요. 하나 더 말하면, 그 인간화된 생쥐들은 학습 능력이 더 뛰어난 듯합니다.

슈테판 클라인 소장님은 똑같은 FOXP2 유전자를 네안데르탈인에서 발견했습니다. 그렇다면 우리는 네안데르탈인이 말을 할 수 있었다고 판단해야 할까요?

스반테 페보 네안데르탈인이 말을 할 수 없었다고 추측할 근거보다 있었다고 추측할 근거가 하나 더 많은 것만큼은 틀림없죠. FOXP2는 아마도 우리가 몇 밀리 초 내에 성대, 혀, 입술을 협응시켜서 정확한 발음을 내는 데 필요한 듯해요. 침팬지는 그렇게 정교한 운동을 할 수 없죠. 물론 네안데르탈인이 말하기에 필요한 다른 유전자들을 보유하지 못했을 수도 있습니다. 아무튼 이런 질문을 체계적으로 연구하다 보면 언젠가 우리는 생물학의 관점에서 우리 현대인의 본질이 무엇인지 정의할 수 있게 될 겁니다. 이것이 나의 꿈이에요.

슈테판 클라인 그런데 나는 유전체가 우리 자신에 대해서 얼마나 많은 것을 알려줄 수 있는지 의문이에요. 한번 상상해보세요. 외계인이 현대인, 네안데르탈인, 침팬지의 유전체 서열 전체를 확보했다고 해봅시다. 그렇다 하더라도 그 외계인이 우리에 대해서 무얼 알겠습니까?

스반테 페보 우리의 유전자들이 우리 몸 안에서 어떤 작용을 하는지 명확히 알지 못하는 한, 유전체 서열에서 알아낼 수 있는 것은 극히 적어요. 사실 우리는 그 작용에 대해서 아직 거의 모릅니다. 요새는 누구나 몇백 유로만 내고 의뢰하면 유전체 검사를 해주는 회사들이 있어요. 나는 그런 사업을 지지하지 않는데, 우연히 무료 검사권을 선물받은 적이 있습니다. 그래서 내 침을 표본으로 보내면서 검사를 의뢰했죠. 어떤 결과가 나왔을까요? 내가 건선에 잘 걸리고 혈전증에는 잘 안 걸리는 체질이라더군요. 그런데 안타깝게도 실상은 정반대예요. 나는 건신을 앓은 적이 없는 반면에 혈전증을 앓아 봤거든요. 그래도 내가 북유럽 출신이라는 것은 옳게 알려주더군요. 뭐 고맙긴 했는데, 그건 내가 벌써 아는 사실이었죠.

슈테판 클라인 요컨대 소장님은 스칸디나비아인에게 전형적인 유전자 조합을 보유하고 있습니다. 이 사실이 소장님에 대해서 무엇을 알려줄까요?

스반테 페보 단지 피상적인 사항만 알려줍니다. 현재 우리는 세계 곳곳에서 태어난 사람들 약 100명의 유전체를 알고 있어요. 당연히 과학자들은 유럽인과 아프리카인처럼 서로 다른 인종의 유전체에서 차별적인 특징을 찾으려 애썼죠. 그 결과, 피부색과 머리카락 구조 같은 외모, 소화, 면역기능과 관련된 몇몇 변형 유전자가 이쪽 인종의 유전체보다 저쪽 인종의 유전체에 더 흔하게 들어있다는 정도만 발견했어요. 자연선택은 환경의 영향에 직접 노출된 기관들에 가장 강하게 작용합니다.

슈테판 클라인 당연한 얘기죠. 스웨덴 사람은 아프리카에서 자외선 차단제 없이 오래 버티지 못합니다. 그런데 정말 환경에 적응하는 것만 중요할까요? 그런 적응에 못지않게 지능과 협동 능력도 진화적 성공을 위해 중요하다고 생각할 만하잖아요.

스반테 페보 맞아요, 하지만 지능과 협동 능력은 어디에서나 중요하죠. 그래서 이런 측면에서는 인종들 사이에 유전적 차이가 나타나지 않습니다.

슈테판 클라인 지능은 그럴 수 있다고 봐요. 하지만 협동 능력의 경우에는 의심이 드는군요. 최근 연구들이 보여주듯이, 협동은 환경과 관련이 있을 개연성이 아주 높습니다. 예컨대 정의감은 사람들이 먹을거리를 구하기 위해 서로에게 더 많이 의지할수록 더 강하게 발달하죠. 왜 이런 차이는 유전자에 새겨지지 않았을까요?

스반테 페보 그럴 시간이 없었기 때문이에요. 그런 복잡한 속성을 바꾸려면, 자연은 아주 많은 유전자에 손을 대야 할 겁니다. 하지만 인간은 적응 문제에 대해서 훨씬 더 빠른 해결책을 가지고 있죠. 바로 문화예요. 게다가 10만 년 전에 아프리카를 벗어난 이래로 우리 조상들의 유전자들은 끊임없이 섞이고 또 섞였어요.

슈테판 클라인 인종들 사이의 이런 유전적 유사성을 실제 역사와 관련지어 이해할 수 있다는 얘기를 들었습니다. 나는 인상적이라고 느꼈는데요, 현재 살아있는 모든 사람의 계보를 거슬러 올라가면 약 15만 년 전에 아프리카에서 살았던 것이 분명한 단 한 명의 여성에 도달한다더군요. 그렇다면 우리 70억 명의 사람들은…….

스반테 페보 모두 상당히 가까운 친척이죠. 아마도 가장 중요한 통찰은 우리 사이의 유전적 차이가 전혀 근본적이지 않다는 점일 거예요. 내가 유전학을 공부하기 시작했을 당시에 많은 사람들은 우리의 생물학적 기원이 중요하다는 점을 인정하지 않으려 했어요. 반면에 오늘날 우리는 쉽사리 반대편 극단에 빠져서 우리의 유전적 역사를 과대평가하죠. 문화가 우리에게 훨씬 더 큰 영향을 미친다는 사실을 우리는 흔히 간과합니다.

슈테판 클라인 실제로 공동체는 누가 공동체에 속하고 누가 그렇지 않은지를 명확히 할 때만 존재할 수 있습니다. 어쩌면 인종차별이 존재하는 것도, 사람의 체형이나 피부색의 차이 같은 가시적 차이가 공동체 소속 여부를 판가름할 기준으로서 워낙 간편하고 유혹적이기 때문이 아닐까 싶어요.

스반테 페보 하지만 인종 구분 자체가 벌써 자의적이에요. 나는 언젠가 알렉산드리아에서 보트를 타고 나일 강을 거슬러 올라갈 생각이에요. 그러면서 50킬로미터마다 만나는 사람들의 혈액 표본을 채취해서 유전자 검사를 의뢰하고 그들의 피부색을 측정할 거예요. 그러면 심지어 지중해 지역의 백인과 빅토리아 호숫가의 흑인 사이에도 명확한 경계선이 없다는 것이 드러날 겁니다. 피부색과 유전자의 변화가 연속적으로 나타날 테니까요. 우리가 어디에 경계선을 긋든지, 그 경계선은 자의적입니다.

슈테판 클라인 민족의 개념은 유전적 근거가 더 희박하겠군요.

스반테 페보 우리의 유전자는 주로 빙하시대와 농업이 확산되던 시기의 거주 역사를 반영합니다. 그 시절에는 독일인도 없고, 프랑스인, 폴란드인도 없었어요. '민족'은 철저히 정치적인 개념이에요.

슈테판 클라인 여러 차례에 걸쳐 아프리카를 벗어난 인류, 다양한 인간 형태의 짝짓기, 또렷이 보이지만 중요하지 않은 인종 간 차이…… 고유전학이 들려주는 인류의 역사는 복잡하군요.

스반테 페보 그렇게 복잡한 것은 어쩌면 단지 우리가 인류의 역사를 제대로 이해하지 못했기 때문일지도 몰라요.

슈테판 클라인 소장님은 더 간단한 설명을 추구하는 사람들을 이해하나요?

스반테 페보 종교적인 설명을 말씀하는 건가요?

슈테판 클라인 예.

스반테 페보 나는 실존적인 도전에 직면한 사람들이 종교의 필요성을 느낀다고 이해해요. 나도 종교의 필요성을 느끼죠. 때때로 나는 죽은 친지들과 정신적으로 접촉할 수 있다고 상상해요. 그러면 이별의 아픔을 극복하는 데 도움이 되니까요. 하지만 인격신에 대한 믿음은 너무 순박하다고 봅니다.

슈테판 클라인 소장님의 입장에 일관성이 없는 것 아닐까요?

스반테 페보 늘 일관된 사람이 누가 있겠습니까? 과거에 내가 지도한 박사과정 학생 하나는 원리주의적인 무슬림이었습니다. 그 학생은 고민이 많았어요. 당연히 창조를 믿었으니까요. 하지만 우리는 의견의 일치에 도달할 수 있었습니다. 생각해보세요. 우리가 전능하고 불가사의한 신의 존재를 딱 잘라 배제할 수 있을까요? 어쩌면 분자적인 진화가 신의 계획일지도 모릅니다. 단지 우리가 그 계획을 통찰하지 못할 뿐이고요.

Wir könnten unsterblich sein

09

유인원 사랑

동물행동학자 "제인 구달"만큼 유인원을 잘 아는 사람은 없다.
그녀는 유인원들을 개성 강한 개체들로 새롭게 발견했지만
자신의 아기를 유인원들로부터 보호해야 했다.

Jane Goodall

1934년 영국에서 태어났다. 1977년 제인구달연구소를 설립하여 야생동물 서식지 보호와 처우 개선에 힘쓰고 있다. 영국 엘리자베스 여왕으로부터 대영제국의 작위를 수여받았으며, 1987년 탄자니아 정부로부터 외국인 최초 킬리만자로상과 알버트 슈바이처상, 1990년 교토상, 1995년 내셔널 지오그래픽 소사이어티 허바드상, 2004년 세계야생동물보호기금 평생공로상 등을 받았다. 국내 출간된 책으로는 『제인 구달의 내가 사랑한 침팬지』, 『인간의 그늘에서』, 『희망의 이유』, 『제인 구달』, 『제인 구달, 침팬지와 함께한 50년』 등이 있다.

나는 제인 구달보다 더 겸손한 유명인을 본 적이 없다.

우리는 그녀의 호텔 방에서 만났다. 뮌헨에 위치한 어느 호텔의 작은 방이었다. 그녀는 오스트리아 전역을 도는 고된 강연 여행을 마치고 그녀의 삶을 다룬 영화의 스위스 개봉 행사를 앞두고 있었다. 그러나 일흔일곱의 구달은 말이 더없이 정확했을뿐더러 가끔 매우 영국적인 자기비하를 곁들이기까지 했다. 또한 주의를 집중해서 내 말을 경청했다. 나는 그 정도로 주의를 집중해서 귀를 기울이는 사람을 만난 일이 드물다.

미국에서 실시된 한 조사에 따르면 제인 구달보다 유명한 과학자는 단 한 명뿐이라고 한다. 그 과학자는 자그마치 알베르트 아인슈타인이다. 아마도 구달 본인은 자신과 아인슈타인의 이름이 동일한 범주로 묶여 거론되는 것에 반발할 것이다. 사실 그녀는 대학 공부를 제대로 하지 않았다. 그러나 그녀가 1960년에 비서 학교를 졸업하고 아프리카 동부의 곰베 국립공원에서 침팬지의 삶을 연구하기 시작한 것은 상대성이론의 창시에 비길 만한 선구적 업적이었다. 그때까지 어느 누구도 야생 유인원을 장기간 연구한 일이 없었으니까 말이다. 그 후 50년 넘게 구달이 이룬 발견들은 우리와 가장 가까운 친척에 대한 새로운 지식을 제공하는 정도에 머물지 않았다. 그녀의 연구는 인간과 동물의 교제와 관련해서 획기적인 이정표이기도 했다.

우리가 만난 이튿날, 인근의 이자르 강변 공원을 산책할 때 구달은 갑자기 진짜 침팬지의 울음소리를 똑같이 흉내 냈다. 지나가는 사람들이 우리를 돌아보았다. 동물원에서 탈출한 침팬지가 공원에 어슬렁거리는 것이 아닌가 걱정하는 모양이었다.

슈테판 클라인 구달 박사님, 박사님은 사람들의 얼굴을 잘 못 알아본다는 이야기를 들었습니다.

제인 구달 오랫동안 내가 사람들을 못 알아보는 것이 정신적인 게으름 탓이려니, 생각했어요. 그러던 중에 그 유명한 신경학자 올리버 색스가 나에게 설명해줬죠. 아마도 내가 '안면실인증'이라는 선천적인 장애를 가진 것 같다는군요. 참 신기하게도 이 장애는 얼굴 특징에 대한 기억에만 지장을 줘요.

슈테판 클라인 우리가 내일 길거리에서 마주치면, 서로를 알아보지 못할 수도 있겠네요.

제인 구달 내 장애는 그렇게까지 심각하지는 않아요. 나는 평범한 얼굴을 잘 기억하지 못합니다. 당신 얼굴은 알아볼 것 같아요. 또 당신은 나를 알아보겠죠?

슈테판 클라인 못 알아볼 수도 있어요. 나도 당신과 똑같은 장애를 가졌거든요. 내가 어린이집에서 노는 아이들 중에서 내 자식을 찾아야 했던 적이 있어요. 얼굴을 못 알아보니까, 옷만 보고 찾았어요. 그때가 제일 난감했죠.

제인 구달 안면실인증은 정말 굴욕적일 수 있어요. 하지만 적어도 우리는 가련한 올리버 색스보다는 나은 편이에요. 그 사람도 안면실인증 환자인데, 10년 전부터 매일 보아온 비서의 얼굴을 전혀 기억하지 못한다는군요.

슈테판 클라인 박사님은 침팬지의 얼굴을 알아보는 데도 어려움을 겪었나요?

제인 구달 똑같이 어려웠죠. 침팬지 얼굴의 몇 가지 특징을 정해놓고 외우는 식으로 어려움을 헤쳐나갔어요. 추가로 침팬지의 체격, 자세, 털 색깔, 목소리를 표지로 삼았고요.

슈테판 클라인 박사님의 필생의 업적을 한 문장으로 요약한다면, 이렇게 할 수 있을 것 같습니다. 그녀는 침팬지에게 얼굴을 부여했다. 박사님의 연구 이전에 동물들은 얼마든지 바꿔치기할 수 있는 존재로 여겨졌어요. 하지만 박사님은 모든 동물 각각이 우리처럼 고유한 개성을 지녔음을 보여주었습니다.

제인 구달 또 지능과 감정도 지녔고요.

슈테판 클라인 오래된 사상적 전통 하나는 전혀 다른 입장이지요. 예컨대 프랑스 철학자 데카르트는 동물을 본능에 따라 작동하는 기계로 설명했습니다. 박사님은 어떻게 새파랗게 젊은 시절부터 그 전통에 반발할 용기를 냈나요?

제인 구달 두 가지 점에서 나는 엄청난 행운아였습니다. 하나는 우리 어머니의 지혜였죠. 어머니는 나의 확신을 타인들이 공유하지 않을 때 당황하지 않는 법을 가르쳐주었습니다. 또 하나는 나를 가르친 선생이었어요. 당신도 그 선생에 관한 글을 읽지 않았나요?

슈테판 클라인 루이스 리키를 말씀하는 거죠? 그 유명한 인류학자. 리키는 1960년에 박사님과 박사님의 어머니를 동아프리카 원시림 속의 침팬지들에게 보냈습니다. 인간의 기원에 대해 무언가 알게 되기를 바라면서요.

제인 구달 아니에요! 나의 선생은 내가 키운 스패니얼 품종의 개 '러스티'였어요. 나의 어린 시절 내내 그 개가 내 곁에 있었죠. 러스티는 엄청나게 영리했어요. 나중에 내가 키운 어떤 개와도 달랐어요. 러스티 덕분에 나는 동물의 지성과 개성을 의심할 엄두도 못 냈습니다.

슈테판 클라인 그 개가 박사님에게 말하자면 예방주사를 놓아서 지배적인 통념에 빠지지 않게 해준 셈이군요.

제인 구달 예. 내가 연구를 시작할 당시에, 나는 과학자들이 동물을 어떻게 생각하는지 전혀 몰랐습니다. 알다시피 아프리카에 갈 때 나는 비서였으니까요.

슈테판 클라인 그런데 루이스 리키를 알게 되었죠. 리키는 박사님에게 동물행동학 연구자로서 정글에 들어갈 것을 제안했고요. 그때 리키는 박사님이 대학에 다닌 적이 없다는 것을 틀림없이 잘 알았을 겁니다.

제인 구달 당연하죠. 바로 그렇기 때문에 나를 선택한 걸요. 리키는 선입견 없이 동물들에게 접근할 사람을 원했어요. 하지만 그는 이 사실을 한참 뒤에야 내게 털어놓았죠. 만약에 그가 나를 정글에 들여보내는 이유를 처음부터 고백했더라면, 나는 곧바로 당신이 기대하는 것이 무엇이냐고 물었을 거예요.

슈테판 클라인 그러면서 선입견을 품었을 테고요. 그러니까 침팬지뿐 아니라 박사님도 리키의 실험 대상이었던 셈이에요.

제인 구달 예, 나는 몰랐지만요. 그가 아주 현명했던 거죠.

슈테판 클라인 박사님은 리키가 유인원에게 보낸 젊은 여성 세 명 중 하나였습니다. 리키는 다이앤 포시를 고릴라에게, 비루테 갈디카스를 오랑우탄에게 보냈죠. 그런데 왜 그렇게 여성만 보냈을까요?

제인 구달 그가 젊은 여자를 좋아했기 때문이에요. 때로는 너무 심했죠. 나에게는 그게 문젯거리였어요. 왜냐하면 그는 내 꿈을 이뤄줄 수 있는 유일한 사람이었으니까요. 그는 내가 6개월 동안 연구하는 데 필요한 돈을 어느 부유한 미국인에게서 조달했어요. 하지만 많은 돈은 아니었습니다. 내 망원경은 한심했고, 우리는 폐품 처리된 군용 천막에서 살았어요. 환기를 시키려면 옆면을 감아올려서 묶어야 했어요. 그러면 거미, 전갈, 뱀이 기어들어 왔죠. 나의 어머니는 그 모든 것을 견뎌냈을 뿐 아니라 내가 희망을 잃지 않게 해줬습니다. 반년 안에 성과를 내지 못하면 나의 모험은 영원히 끝이라는 걸 나는 알고 있었거든요. 우리가 침팬지들을 위해 바나나를 늘어놓았는데도, 침팬지들은 우리에게 쉽사리 다가오지 않았어요. 절망적인 상황이었죠.

슈테판 클라인 그런 상황이 무엇을 계기로 달라졌나요?

제인 구달 데이비드 그레이비어드(David Graybeard, 구달이 한 침팬지에 붙인 이름 - 옮긴이)와 만나면서 달라졌습니다. 나는 그 침팬지를 이미 여러 번 본 적이 있었어요. 구레나룻의 회색 털로 그를 알아볼 수 있었죠. 어느 날 그가 바나나를 먹었어요. 얼마 지나지 않아서는 내가 가까이 가도 피하지 않고 나에게 정글에 사는 자기 친구들을 소개해주기까지 했죠. 덕분에 나는 그가 흰개미를 잡아먹으려고 풀줄기를 흰개미집 속으로 찔러 넣는 것을 관찰할 수 있었어요. 그때까지는 야생 유인원이 도구를 사용하는 것이 가능하다는 생각을 아무도 못했습니다.

슈테판 클라인 "이제 우리는 인간이란 무엇인지를 새롭게 정의하든지 아니면 침팬지를 인간으로 인정해야 한다." 당시에 루이스 리키가 쓴 글의 한 대목입니다.

제인 구달 원래 그 문장은 내가 그에게 보낸 전보에 대한 회답이었어요. 당시에 도구 사용은 우리를 다른 모든 동물과 구별 짓는 특징으로 통했죠.

슈테판 클라인 오늘날 우리는 침팬지들이 도구 사용법뿐 아니라 약초 이용법도 서로에게 가르쳐줘서 부상과 병을 치료한다는 것을 압니다.

제인 구달 예, 정말 대단하죠. 현재 그와 관련한 대규모 연구가 여러 건 진행 중이에요. 나는 침팬지와 그곳의 토착민이 이용하는 약초가 똑같으리라고 추측합니다. 침팬지도 지식을 다음 세대에 전수하는 것으로 보여요.

슈테판 클라인 유인원이 문화를 가진다는 것은 1960년 당시로는 생각조차 할 수 없는 일이었죠. 박사님은 자신의 발견이 자랑스러웠나요?

제인 구달 나에게는 이제 내가 원시림에 머무는 것이 정당화되었다는 점이 훨씬 더 중요했습니다. 곧이어 나는 침팬지들이 나뭇가지에서 잎들을 훑어내는 방식으로 도구를 제작한다는 것을 발견했어요. 또 작은 유인원을 사냥해서 잡아먹는다는 것도요. 마침내 데이비드 그레이비어드는 내 손을 잡을 정도로 나를 충분히 신뢰하게 되었죠.

슈테판 클라인 그 거대한 야생동물들과 접촉하는 것이 무섭지 않던가요?

제인 구달 오히려 데이비드가 무서워했어요. 나는 그를 야생동물로 본 것이 아니라 나를 신뢰하는 개체로 보았습니다. 마침내 그가 용기를 내어 나를 받아들였던 것이고요. 내가 생각하기에, 백인과 접촉한 적이 없는 부족을 관찰하는 현장 연구자들도 똑같은 느낌을 받을 것 같아요. 그 후에 내가 리키의 권유로 박사논문을 쓰기 위해 케임브리지로 갔을 때, 사람들은 내가 하나부터 열까지 다 틀렸다고 말했습니다. 침팬지들에게 이름을 부여한 것부터가 잘못이라더군요. 당시에 동물행동학자들의 관행은 동물들에게 일련번호를 매기는 것이었죠. 그들은 동물행동학을 엄밀한 과학으로 탈바꿈시키려고 필사적으로 노력했거든요.

슈테판 클라인 물리학에서처럼 수치와 공식을 추구했군요.

제인 구달 예. 그런데 나는 그들에게 데이비드 그레이비어드와 그의 친구들이 우리에게서 훔쳐간 담요를 가지고 술래잡기를 했다는 이야기를 들려주었죠.

슈테판 클라인 박사님이 만난 교수들은 전형적인 유인원을 탐구했던 반면에, 박사님은 모든 유인원 각각에 관심이 있었군요. 개체 각각의 역사와 특징에 관심을 두었던 거예요.

제인 구달 예, 맞아요. 나는 종을 개체들의 집합으로 간주합니다. 나는 침팬지를 동물로 보지 않아요. 물론 침팬지는 당연히 동물이죠. 하지만 우리 인간도 동물이에요. 그렇지만 우리는 우리 자신을 동물로 간주하지 않잖아요. 나는 침팬지와 인간을 동일한 범주로 분류합니다. 많은 동료들은 내가 일화만 이야기한다고 비난하는데요, 제각각 다른 존재들을 정당하게 대접하려면 일화를 이야기하는 것 말고 달리 무슨 방법이 있을까요? 침팬지들이 새로운 상황에 어떻게 대응하는지, 어떤 능력을 가지고 있는지를 일화에서 알 수 있어요. 개별 관찰들을 짜맞춰 큰 그림을 만들 수 있는지는 언제나 두고 보면 알게 돼요. 그래서 난 개체의 역사를 아주 좋아합니다.

슈테판 클라인 그렇지만 나는 물리학자로서 일반적인 법칙의 아름다움도 좋아합니다. 박사님이 그런 법칙을 추구하지 않는다면, 그런 법칙을 발견할 가망은 없지 않을까요? 일화들은 세부사항이 제각각 다르니까요.

제인 구달 동물행동학은 영원히 엄밀한 과학과는 다를 겁니다. 다른 한편으로 당신이 고유하고 독특한 행동을 애초부터 무시한다면, 당신은 동물을 얕잡아보는 겁니다. 예컨대 과학자들은 새가 도구를 제작하는 것은 전혀 불가능하다고 생각했어요. 도구 제작은 새의 뇌가 감당할 수 있는 과제가 아니라는 입장이었죠. 그래서 일단 새의 행동을 유심히 관찰하는 일조차 하지 않았어요. 그러다가 2002년에 옥스퍼드에서 한 실험이 수행되었죠. 그 실험에 참가한 까마귀 두 마리는 철사로

된 갈고리로 먹이를 낚아채야 했어요. 하지만 실험은 실패로 끝났죠. 그 갈고리가 부러졌거든요. 그런데 얼마 후에 사람들은 누군가가 남은 철사 토막을 구부려 새 갈고리를 만들어놓은 것을 발견했어요.

슈테판 클라인 까마귀가 만들었군요.

제인 구달 아무도 믿으려 하지 않았어요. 하지만 다시 철사들을 던져주고 관찰한 결과, 그 영리한 동물이 정말로 부리와 발을 이용해서 갈고리를 만든다는 것이 밝혀졌죠. 어느새 지금은 새의 지능에 관한 논문이 산더미처럼 쌓여있습니다. 재미있는 점은 이것이에요. 앵무새를 키우는 사람들은 자신의 앵무새가 그런 일을 할 수 있다는 것을 진작 알았습니다. 단지 과학자들이 너무 거만해서 그런 이야기를 믿지 않았을 뿐이에요.

슈테판 클라인 박사님은 지금 동료들을 실제보다 더 과장해서 묘사하는 것이 아닐까요? 실제로 박사님은 한 세대의 동물행동학자들 모두에게 큰 영향을 미쳤습니다. 그들은 지금도 야생 침팬지에 관한 놀라운 사실들을 밝혀내고 있고요. 예컨대 나는 작년에 코트디부아르에서 발견된 사실을 접하고 깜짝 놀랐습니다. 그곳의 침팬지들은 고아를 입양해요. 심지어 수컷도 지극정성으로 새끼를 돌보죠. 그 새끼들과 친척 관계가 전혀 없는데도요. 일반적으로 침팬지 수컷은 자기 새끼도 돌보지 않잖아요.

제인 구달 나는 그 발견에 놀라지 않았어요. 우리 침팬지에서도 입양 사례들을 관찰했으니까요. 물론 그 입양은 친척 사이에서 이루어졌지만요. 또 침팬지들이 서로를 생명의 위험에서 구하는 일이 흔히 있다는 것도 동물원 직원들의 보고를 통해 이미 알려진 사실이죠. 예컨대 침팬지 한 마리가 도랑에 빠지면, 다른 침팬지들이 구하려고 뛰어듭니다. 사람들이 물에 빠진 낯선 아이를 구하는 것과 마찬가지예요. 물론 물에 뛰어들지 않는 사람도 있겠지만, 아무래도 바람직한 행동은 뛰어드는 것이겠죠. 침팬지가 이타적일 수 있는 것은 침팬지의 아주 긴 유년기와 관련이 있습니다. 침팬지 새끼는 5년 동안 어미와 함께 살아요. 그러다 보니 진화 과정에서 강한 배려심이 발생한 거죠. 그 배려심이 심지어 친척이 아닌 개체에까지 미치는 것으로 보입니다.

슈테판 클라인 우리가 침팬지에게서 무언가 배울 수 있다고 생각하나요?

제인 구달 예컨대 어미가 새끼를 다루는 방법을 배울 만해요. 침팬지 어미와 새끼는 함께 아주 재미나게 지내요. 어미가 새끼를 간질이고 안아서 빙빙 돌리고 함께 놀이를 하죠. 또 내가 관찰했는데요, 어미와 새끼 사이의 유대가 튼튼할수록 나중에 새끼가 집단에서 차지하는 지위가 더 높습니다. 내 아들이 태어났을 때, 나는 침팬지 어미들을 보면서 많이 배웠어요.

슈테판 클라인 박사님이 침팬지를 관찰하는 동안에는 누가 아드님을 돌봤나요?

제인 구달 내가 그 아이를 데리고 원시림으로 들어갔습니다. 내가 아들을 지켜볼 수 없을 때를 대비해서 큼지막한 우리를 제작했어요. 아이는 그 우리 안에서 놀 수 있었죠.

슈테판 클라인 아이를 그렇게 가둬놓은 이유가 무엇이었을까요?

제인 구달 침팬지들로부터 보호하기 위해서였어요. 침팬지들이 인간 새끼를 가져간다는 것을 알고 있었거든요.

슈테판 클라인 가져가서 무얼 하죠?

제인 구달 깨끗이 먹어치워요. 사람은 침팬지를 먹고, 침팬지는 사람을 먹습니다. 따지고 보면 침팬지도 우리와 마찬가지로 영장류잖아요. 물론 침팬지가 인간을 멸종시키는 일은 영원히 없으리라는 점이 다르지만.

슈테판 클라인 첫 저서에서 박사님은 침팬지를 배려심과 모성애와 지능이 풍부한 존재로 서술했습니다. 그런데 나중에 박사님은 침팬지가 침팬지를 잡아먹기도 한다는 사실을 확인하였죠.

제인 구달 충격적이었어요. 나는 침팬지가 우리와 유사하고 단지 더

친절하다는 점만 다르다고 생각했거든요. 그때까지 내가 본 침팬지들은 실제로 그랬어요. 그들은 서로 입 맞추고 포옹하고 가족의 유대를 긴밀히 유지하면서 복잡한 사회 안에서 삽니다. 침팬지가 얼마나 잔인할 수 있는지를 우리가 처음 눈치챈 것은 한 여대생이 침팬지 어미 한 마리를 추적하다가 그 어미가 이웃 집단의 암컷을 공격하고 그 새끼를 죽이는 것을 관찰했을 때였어요. 그 어미는 희생자가 부상을 입고 죽어가는 모습을 지켜봤어요. 곧이어 죽은 새끼를 맛있게 먹었고요. 또 4년 동안 전쟁이 벌어진 적도 있습니다. 그때까지 평화롭게 함께 살아온 침팬지들의 집단 하나가 분열되더니, 새로운 두 집단이 영토를 놓고 싸우더군요. 수컷들에게 잡혀 온 적대 집단의 침팬지는 어김없이 살해되었습니다.

슈테판 클라인 그런 일이 인간 사회에서 벌어지면, '인종청소'라는 끔찍한 단어가 거론되죠.

제인 구달 침팬지들이 우리와 얼마나 유사한지 지켜보는 것은 무서운 경험이었습니다. 젊은 수컷들은 살해 행위에 빠져들었어요. 그들은 다른 침팬지가 죽는 모습을 보고 싶어 했죠.

슈테판 클라인 어쩌면 그런 행동은 침팬지와 우리가 고도로 발달한 사회적 능력을 지닌 대가일지도 모르겠네요. 집단 내부의 협동과 결속은 반드시 외부자가 있고 다른 집단과의 분쟁이 있다는 것을 전제하니까요.

제인 구달 아무튼 우리 인간은 일반적으로 분쟁을 폭력 없이 해결할 능력이 있어요. 우리는 감정을 통제할 수 있습니다.

슈테판 클라인 그런 싸움들 때문에, 박사님이 침팬지에게 품었던 호감이 줄어들었나요?

제인 구달 몇 번의 싸움은 혐오스러웠지만, 모든 싸움이 그렇지는 않았습니다. 당신이 사람들을 보면서 느끼는 것과 똑같아요.

슈테판 클라인 동료 동물행동학자들은 아까 언급한 전쟁을 박사님 본인이 일으켰다고 비난합니다. 박사님이 너무 후하게 바나나를 제공하는 바람에 경쟁이 치열하게 일어났다고 지적하면서요.

제인 구달 그 바나나는 아무 역할도 하지 않았습니다. 집단이 분열된 뒤에 침팬지들은 우리가 주는 먹이에 더는 관심을 두지 않았어요. 그들은 다시 숲속의 열매를 먹이로 삼았습니다. 또 침팬지들 사이의 전쟁은 다른 여러 곳에서도 일어났고요.

슈테판 클라인 그렇다 하더라도 박사님은 "혹시 내가 곁에 있어서 침팬지들의 행동이 달라지는 것은 아닐까?"라는 질문을 던져본 적 없나요?

제인 구달 동물행동학자라면 그 질문을 늘 던집니다. 가장 강한 개입은 당연히 동물을 가둬두는 거예요. 예컨대 동료들의 보고에 따르면, 동물원의 침팬지들은 분쟁을 겪은 후에 대단히 세련된 방식으로 화해한다는군요. 자연에서는 그런 경우를 거의 못 봐요. 넉넉한 공간이 있어서 침팬지들이 서로를 간단히 외면할 수 있으니까요. 우리는 침팬지들을 가두지는 않았지만 그들과 친밀한 관계를 맺곤 했습니다. 그들과 접촉하고, 함께 놀고, 심지어 간지럼을 태우기까지 했죠. 마법의 세계에 온 것 같았어요. 하지만 우리가 원시림에 장기간 머물게 되리라는 것이 확실해졌을 때, 우리는 그런 행동을 그만두었습니다. 침팬지들이 우리 인간에 너무 익숙해지는 것을 바라지 않았어요. 우리가 침팬지들에게 병을 옮기는 것도 싫었고요.

슈테판 클라인 그런데도 박사님은 몇몇 유인원과 우정이라고 할 만한 관계를 맺었습니다.

제인 구달 사실 우리의 관계를 표현해주는 단어는 없습니다. 개는 친구가 될 수 있지만, 침팬지는 그렇지 않아요. 물론 침팬지들끼리는 우정을 맺죠. 하지만 침팬지들은 사람이 자신들과 다르다는 것을 아주 잘 압니다. 우리의 관계를 그나마 가장 적절하게 표현해주는 단어는 어쩌면 상호 신뢰와 존중일 거예요.

슈테판 클라인 근대 자연과학의 신성한 근본원리 하나는 이것입니다. 과학자는 자신이 연구하는 대상으로부터 거리를 두어야 한다. 그래야만 객관적으로 연구할 수 있기 때문이다.

제인 구달 나는 늘 나 자신이 과학계에서 이방인이라고 느껴왔어요. 왜 감정적인 관계를 맺으면 객관적인 연구를 할 수 없다는 거죠?

슈테판 클라인 감정적인 관계를 맺으면, 대상의 속성과 과학자 자신이 대상에서 바라는 바를 구분하기가 어려워지기 때문이죠. 사랑에 빠진 사람은 연인의 눈을 들여다보면서 주로 자기 자신을 보잖아요.

제인 구달 하지만 당신이 동물과 사랑에 빠질 일은 없잖아요. 내 메모장을 한번 보세요. 예컨대 나는 공격을 당해서 다친 새끼를 어미 침팬지가 어떻게 돌보는지 관찰한 적이 있습니다. 다친 부위의 살이 너덜너덜하게 찢어진 데다가 팔뼈도 하나 부러진 상태였어요. 어미가 새끼를 달래려고 안아서 흔들면 흔들수록, 새끼는 더 크게 울부짖었죠. 어미는 자신의 행동이 정반대의 효과를 낸다는 것을 몰랐어요. 내 눈에서는 눈물이 흘러넘쳤고요. 하지만 내가 그린 그림들은 그 과정을 아주 객관적으로 보여줍니다. 나는 오히려 과학자에게 공감 능력이 필요하다고 믿어요. 무슨 일이 벌어지는지 이해하려면, 과학자가 동물의 입장에서 생각해야 합니다.

슈테판 클라인 과연 우리가 동물의 내면에서 벌어지는 일을 이해할 수 있을까요? 전혀 다른 문화권의 사람들을 이해하는 것만 해도, 우리가 그들의 언어를 모르면 굉장히 어려울 때가 많습니다. 나는 예컨대 일본에서 그런 어려움을 겪어요.

제인 구달 침팬지는 그 정도보다 더 낯설죠. 그런데도 생물학적으로 우리와 가장 가까운 친척이고요. 나는 케임브리지에 가서 박사논문을 쓸 때 이를테면 이런 문장을 집어넣었지요. "침팬지 새끼 피피Fifi는 새로 태어난 동생을 질투했다." 지도교수가 말하기를, 그건 증명할 수 없는 주장이라고 하더군요. 그러면서 현명한 조언을 해줬어요. 문장을 이렇게 고치라는 것이었어요. "피피는 질투하는 인간 새끼처럼 행동했다." 그 후로 나는 항상 이런 식으로 문장을 써왔습니다.

슈테판 클라인 박사님이 첫 저서에서 서술한 유명한 장면이 하나 있어요. 침팬지들이 깊은 원시림 속의 폭포 앞에서 일종의 황홀경에 빠지는 장면이죠.

제인 구달 예, 나는 그렇게 관찰했어요. 폭포 소리가 천둥처럼 들리기 시작하자 침팬지들의 털이 곤두서더군요. 폭포에 다가갈수록, 침팬지들의 흥분은 점점 더 고조되었습니다. 조금 지나자 침팬지들이 춤추듯이 걸음을 옮겼죠. 한 20분 동안 그랬어요. 마지막에는 바위 위에 앉아 조용히 폭포를 바라보았고요.

슈테판 클라인 박사님은 침팬지들의 그런 행동을 자연의 장관에 대한 존경으로 해석했습니다. 침팬지에서 말하자면 종교의 원형을 볼 수 있다는 것이었죠. 나는 이 주장이 대단히 과감하다고 느낍니다.

제인 구달 글쎄요. 나는 그 놀라운 춤이 어디에서 유래했을지 생각해봤어요. 혹시 자연의 힘 앞에서 느끼는 그런 전율이 최초의 자연종교로 이어지지 않았을까 하고 생각했죠. 또 나 자신이 그 폭포를 보면서 깊은 경외심을 느꼈어요. 대체로 곰베 국립공원에서 보낸 시간 내내 나는 나 자신이 더 큰 무언가의 한 부분이라고 느꼈습니다. 말하자면 어떤 신비가 존재한다는 느낌이었어요.

슈테판 클라인 박사님 자신이 더 높은 질서에 편입되어 있다고 느꼈군요.

제인 구달 예. 하지만 침팬지들도 똑같은 느낌을 받았다는 것을 내가 알 수 있을까요? 그건 아니죠.

슈테판 클라인 그렇다면 동물을 인간화하는 것은 동물을 부당하게 대접하는 것일 수도 있겠네요.

제인 구달 확실히 그래요. 하지만 사정은 더 복잡합니다. 한편으로 우리는 동물들이 우리와 다르다는 점을 강조해요.

슈테판 클라인 동물을 지능과 감정이 그리 많지 않은 존재로 보면, 동물을 잡아먹을 때 마음이 덜 불편하죠.

제인 구달 예를 들자면 그래요. 하지만 다른 한편으로 우리는 동물실험을 합니다. 우리가 걸리는 질병들을 더 잘 이해하기 위해서 침팬지를 비좁은 우리에 가둬놓죠. 심지어 일부 동물실험의 목적은 우리의 심리적인 고통을 탐구하는 거예요. 어떻게 그런 실험이 가능할까요? 우리와 유인원이 매우 유사하기 때문입니다.

슈테판 클라인 우리가 정신분열병 환자네요.

제인 구달 우리의 정신분열병은 유인원을 대하는 태도에서만 나타나는 것이 아닙니다. 의학 실험실 연구원들을 대상으로 한 통렬한 조사가 한 건 있었어요. 그 사람들은 실험용 쥐와 개에게 당연히 이름을 붙이지 않을뿐더러 그 동물들을 물건처럼 취급하죠. 하지만 일부 의학 연구원들은 집에서 반려동물을 키워요. 근무를 마치고 가운을 벗자마자 그들은 자기가 기르는 개는 가족의 일부고 말을 다 알아듣는다고 이야기해요! 반려견이 감정과 지능을 가졌다면, 실험용 개도 그럴 것이 당연하잖아요. 실험용 개가 감정과 지능을 가지지 않았다면, 반려견도 마찬가지일 테고요. 그런데도 그들은 이쪽 개에게는 이름을 붙이고 저쪽 개에게는 안 붙이면서 이 엄연한 사실을 외면하죠.

슈테판 클라인 옛날 사람들은 동물을 학대하면 일종의 죄책감을 느꼈던 것으로 보입니다. 그 죄책감에서 벗어나기 위해서 예컨대 고대에는 동물 도살을 신에게 바치는 제사와 연결하는 경우가 많았어요.

제인 구달 전형적인 행동이죠. 그 사람들은 동물이 아니라 신을 생각했던 거예요. 반면에 아메리카 원주민들은 도살된 동물을 위해 기도했습니다. 그들이 훨씬 더 현실적이었어요.

슈테판 클라인 박사님은 사람이 동물을 죽여도 된다는 입장인가요?

제인 구달 이유 없이 죽이는 것은 안 되죠. 하지만 내 아들의 생명을 구하기 위해서 침팬지 한 마리를 희생시켜야 한다면, 나는 당연히 그렇게 할 겁니다. 하다뿐이겠어요? 그런 상황이 닥치면 아마 누구라도 침팬지가 아니라 다른 사람의 목숨까지도 희생시킬 겁니다. 혈연이라는 것이 그런 거죠.

슈테판 클라인 하지만 우리가 다른 동물들을 어떻게 대할지를 우리와 그 동물들 사이의 친척 관계가 얼마나 가까우냐 하는 것만을 기준으로 정한다는 것은 바람직하지 않을 성싶은데요.

제인 구달 물론 그런 뜻은 아니에요. 내가 아들을 위해 개를 희생시켜야 한다면, 최소한 침팬지를 희생시켜야 할 때만큼 괴로울 겁니다. 나는 유인원보다 개에게 더 많이 공감하는 것 같아요. 관건은 우리가 동물을 자동기계로 간주하지 않고 영리하며 감정이 풍부한 개체로 간주하는 것입니다. 그러면 우리가 동물에게 무의미한 고통을 주는 행동이 우리의 품위를 얼마나 심하게 손상시키는지 알게 되거든요.

슈테판 클라인 박사님은 동물의 권리옹호와 환경보호에 헌신하기 위해 연구에서 완전히 손을 뗐습니다. 힘든 고민 끝에 내린 결정이었죠?

제인 구달 예, 힘들었습니다. 나는 정글 속에서의 생활이 그리워요. 최소한 지금 다른 연구자들이 수집하는 데이터를 검토하는 일 정도는 하고 싶어요. 하지만 선택의 여지가 없었습니다. 나의 과학적 업적을 기리기 위해 열린 한 회의에서 나는 침팬지들이 얼마나 큰 위험에 처했는지 알게 되었어요. 아프리카 전역에서 원시림이 사라지고 있습니다. 침팬지 고기 거래가 번창하는 중이고요.

슈테판 클라인 아니 그걸 몰랐나요? 당시에 박사님은 이미 사반세기를 아프리카에서 보낸 분이었잖아요.

제인 구달 나는 연구하고 내 아들을 돌보느라 너무 바빠서 우리 주위에서 벌어지는 일을 전혀 알아채지 못했습니다. 과학자 동료들도 그런 얘기는 하지 않았고요. 아무튼 나는 이대로 가만히 있을 수 없다고 단박에 결심했습니다. 우선 인간이 되고 그다음에 연구자가 되어야 한다는 것을 더 많은 과학자들이 깨닫기를 바랐어요. 이 이치를 망각하면, 끔찍한 일들이 벌어질 수 있으니까요.

슈테판 클라인 처음에 박사님은 주로 침팬지를 위한 활동에 나섰습니다. 차츰 활동 범위를 넓혀서 지금은 자연보호 일반에 관여할뿐더러 아프리카 농촌 주민을 위한 여러 프로젝트도 시작했고요. 우리가 지구의 파괴를 막을 수 있다는 확신을 박사님은 어디에서 얻을까요?

제인 구달 세상을 바꿀 수 있다는 나의 믿음이 순전히 자만심에서 비롯된 것이 아닐까 라는 질문을 스스로 던질 때가 솔직히 가끔 있어요. 다른 한편으로, 나에게서 얼마나 큰 희망을 얻었는지 이야기하는 사람들이 늘 있죠. 나 자신도 그런 활동을 통해 내 삶이 더 가치 있게 된다고 느껴요. 특히 청소년 프로그램을 시작한 이후로 그런 느낌을 받습니다. 정확히 20년 전에 탄자니아 다르에스살람에서 의욕적인 학생 몇 명을 데리고 시작한 프로그램인데, 지금은 100개국 이상에 관련 단체들이 있죠. 각 단체가 환경과 인류를 위해 어떤 활동을 할지 스스로 결정해요. 단체에 속한 젊은이들은 오염된 하천을 청소하고 노숙하는 아이들을 돌보고 태양광 발전기를 제작하는 등의 활동을 원하는 대로 할 수 있어요. 그러면서 자연과, 또 타인들과 조화롭게 사는 법을 배우는 거예요. 세계 곳곳에서 그런 젊은이들이 자기네가 이룬 성과를 나에게 알려오죠. 그들의 상상력과 참여가 나에게 힘을 줍니다.

슈테판 클라인 박사님은 1년에 300일은 여행 중이라고 들었습니다. 박사님이 조직한 단체들을 방문하고 강연하기 위해서 세계를 누비는 거죠. 사람들은 박사님을 존경합니다. 일종의 아이돌인 셈인데, 아이돌로 사는 것은 어떤 느낌일까요?

제인 구달 나는 아이돌이 되려는 생각이 전혀 없었어요. 하지만 지금은 아이돌이 되어버렸으니 이 상황에서 최선의 결과를 얻어야죠. 나는 내가 아이돌이라는 생각을 가능하면 적게 하려고 애씁니다. 나는 일찌감치 어린 시절에 최고의 조언을 들었어요. 이런 조언이에요. "너 자신을 너무 대단한 존재로 여기지 마라."

Wir könnten unsterblich sein

10

사치는 도덕에 어긋날까요?

부富를 나눠 갖지 않는 것은 악인 반면,
고문과 살인은 경우에 따라 악이 아니라고 주장하는
윤리학자 "피터 싱어"와 벌인 논쟁

Peter Singer

1946년 호주에서 태어났다. 현재 프린스턴 대학교에서 생명윤리학 석좌교수로 있다. 실천윤리학 분야의 거장이자 동물해방론자로, 동물권익옹호단체인 '동물해방'의 초대 회장을 역임했다. 국내 출간된 책으로 『이렇게 살아가도 괜찮은가』, 『동물 해방』, 『실천윤리학』, 『사회생물학과 윤리』, 『동물과 인간이 공존해야 하는 합당한 이유들』, 『모든 동물은 평등하다』 등이 있다.

피터 싱어에 대한 평가는 심하게 엇갈린다. 추종자들은 그를 우리 시대의 가장 중요한 윤리학자 중 하나로 꼽으면서 그의 대담한 사상을 찬양한다. 많은 철학자들, 싱어를 동물보호에 앞장서는 투사로 보는 채식주의자들뿐 아니라 빌 게이츠도 싱어를 추종한다. 싱어가 세계에서 가장 가난한 사람들을 무조건 옹호하는 모습이 게이츠를 감동시켰다. 그러나 반대자들은 싱어가 인간의 생명을 존중하지 않는다고 비난한다. 가장 격렬한 비판자들은 심지어 싱어가 나치 이데올로기와 위험할 만큼 가까운 사상을 지녔으며 가르친다고 주장한다.

그런데 싱어는 보헤미아의 유서 깊은 랍비 가문 출신이다.

그의 부모는 나치를 피해 오스트레일리아 멜버른으로 이주했다. 싱어는 1946년에 멜버른에서 태어나 대학 공부를 마친 후 철학 교수직을 차지했다. 현재 그는 미국의 명문 프린스턴 대학교의 교수이기도 하다.

이 책에 실린 인터뷰들이 추구한 목표 하나는 독자로 하여금 중요한 과학자를 한 명의 인간으로 느끼게 하는 것이다. 그래서 나는 대화 상대들을 대개 그들이 활동하는 장소로 찾아가 만났다. 그러나 싱어는 윤리적인 이유로 방문 인터뷰가 내키지 않는다고 밝혔다. "인터넷 화상 전화인 스카이프로 대화할 수도 있지 않을까요?" 나로서는 처음 겪는 일이었다.

슈테판 클라인 싱어 교수님, 내가 교수님과 대화하기 위해 베를린에서 비행기를 타고 뉴욕으로 가면 안 될 이유가 뭐죠?

피터 싱어 물론 비행기를 타고 신속하게 이동해야 할 이유도 이러쿵저러쿵 댈 수 있을 거예요. 하지만 반드시 필요하지 않은데도 그렇게 여행하는 것은 윤리적으로 옳지 않습니다. 비행기가 날아다니면 대기 속 온실기체가 증가하니까요.

슈테판 클라인 하긴 그렇습니다. 대서양 횡단 비행 편도 1회에 발생하는 이산화탄소의 양은 승객 한 명당 4톤이 넘죠. 특히 비즈니스석 승객 한 명은 6톤이 넘는 온실기체를 대기 속으로 방출하는 셈이고요.

피터 싱어 그런 여행은 다른 대안이 없을 때만 옹호할 수 있습니다. 우리는 스카이프를 통해서도 대화할 수 있을 성싶네요. 우리가 직접 만나서 대화할 때 얻는 이득이 당신의 여행으로 인한 손실보다 더 클지, 나는 회의적이에요.

슈테판 클라인 교수님 본인은 어떻게 여행하나요? 교수님은 프린스턴 대학교의 교수일뿐더러 오스트레일리아에서도 교수직을 맡고 있어서 여행을 자주 할 텐데.

피터 싱어 나는 성자가 아닙니다. 오히려 악당에 가까워요. 최근 들어 예컨대 내가 학회에서 강연하게 되면, 일부 주최 측에서 비즈니스석

항공권을 끊어줍니다. 나는 그 항공권을 넙죽 받아요. 좌석이 훨씬 더 안락하거든요. 나의 개인적인 편의와 관련한 이 결정은 안타깝게도 거의 정당화가 안 됩니다. 윤리적으로 정당화가 되려면, 내가 더 편안하게 목적지에 도착한 덕분에 강연을 훨씬 더 설득력 있게 해서 더 많은 사람들을 선한 행동으로 이끌어야 하겠죠.

슈테판 클라인 교수님이 말하는 윤리란 정확히 무엇일까요?

피터 싱어 윤리적으로 행동하는 사람이란, 자기 행동의 영향을 받는 모든 사람의 삶을 개선하는 사람입니다. 그런데 영향을 따질 때 동시대인뿐 아니라 아직 태어나지 않은 사람들도 고려해야 해요. 적어도 우리가 우리 행동의 귀결을 예상할 수 있다면 말이죠.

슈테판 클라인 이득의 총합이 손실의 총합보다 더 커야 한다는 이야기인가요?

피터 싱어 정확히 그렇습니다. 예컨대 누군가가 겨우 나흘 동안 휴가를 보내기 위해 태국으로 날아간다면, 손익 계산이 어떻게 나올지 나는 잘 모르겠어요.

슈테판 클라인 교수님은 공리주의자로군요. 다시 말해 교수님의 입장에서는 도덕적 명령이란 존재하지 않아요. 본래 옳은 것도, 본래 그른 것도 없죠. 교수님은 어떤 결정을 평가할 때, 오로지 그 결정이 가져올 수 있는 결과만 따집니다. 내가 생각하기에 교수님은 내가 거짓말을 하더라도 전혀 반대하지 않을 것 같아요. 나의 거짓말이 모두에게 이득이 되기만 한다면 말이죠.

피터 싱어 문제는 거짓말이 모두에게 이득이 되는 경우가 거의 없다는 점이에요. 서로를 신뢰할 수 있다는 것은 우리 모두에게 이득입니다. 그래서 참말을 하라는 명령이 정당화되는 거예요. 하지만 만약에 살인범이 현관 앞에 서서 당신의 집에 숨은 친구를 죽일 생각으로 그가 어디에 있느냐고 묻는다면, 당신은 그때도 정직하게 대답하겠어요? 임마누엘 칸트는 올바르게 행동해야 한다는 의무에 예외는 없다고 가르쳤어요. 이 가르침을 따르려면, 당신은 살인범에게 진실을 말해야 해요. 게다가 이 상황은 전혀 낯설지 않습니다. 그리 멀지 않은 과거에 독일에서는 실제로 살인범들이 초인종을 누르고 사람들에게 물었어요. 집안에 유대인이 숨어 있냐고요.

슈테판 클라인 칸트는 우리가 우리 행동의 결과를 결코 확실히 알 수 없다고 지적했습니다. 예컨대 내 집에 숨었던 친구가 나도 모르는 사이에 탈출했는데 내가 살인범을 속여서 돌려보낸다면, 길거리에서 두 사람이 마주칠 수도 있습니다. 그러면 그 친구는 다름 아니라 나의 거짓말 때문에 죽어요.

피터 싱어 그런 일이 벌어질 개연성은 아주 낮습니다. 당신은 당신이 기대할 수 있는 상황 전개를 전제로 삼아야 해요. 대다수의 경우에 당신은 거짓말을 통해 친구를 구하게 될 거예요. 그렇기 때문에 당신의 거짓말은 정당해요.

슈테판 클라인 그렇지만 과연 목적이 모든 수단을 정당화할까요? 교수님은 공리주의자로서 고문도 윤리적일 수 있다고 주장해야 합니다. 예컨대 어떤 범죄를 고문을 통해서만 막을 수 있다면 말이죠.

피터 싱어 물론 부시 정권 하에서는 고문이 악용되었습니다. 그렇지만 혐의를 둘 근거가 매우 확실하다면, 또 고문을 통해서만 수천 명의 목숨을 구할 수 있다면, 나는 고문에 찬성하겠어요.

슈테판 클라인 문제는 혐의가 '매우 확실할' 때가 언제인지 명확히 말할 수도 없고, 피의자에 대한 잔인한 처우가 정말로 목표 달성에 도움이 되는지도 확실히 알 수 없다는 점이에요. 그래서 나는 고문 같은 수단은 어떤 경우에도 배제하는 것이 옳다는 입장입니다. 몇 년 전에 프랑크푸르트 경찰은 은행가의 아들 야콥 폰 메츨러를 유괴한 범인을 체포했습니다. 그런데 유괴된 야콥의 흔적을 어디에서도 찾을 수 없었어요. 그러자 프랑크푸르트 경찰청 차장은 범인의 자백을 유도하여 그 아이를 구할 생각으로 부하를 시켜 범인에게 고문을 가하겠다고 위협했죠.

피터 싱어 성과가 있었나요?

슈테판 클라인 유괴범은 야콥의 시신이 있는 곳을 불었습니다. 경찰청 차장과 그 부하는 강압적인 수사를 했다는 이유로 유죄판결을 받았고요.

피터 싱어 내가 보기에 그 유죄판결은 적절합니다. 문명사회라면 고문을 금지해야죠. 그렇지만 그 경찰 간부가 올바르게 행동한 것일 수도 있습니다. 아무튼 법을 어기면서 고문 위협을 지시하는 간부는 그 결과에 대해서 책임을 져야 해요.

슈테판 클라인 교수님은 지금 이중적인 윤리를 주장하는 셈이에요. 문을 잠가놓고 아무도 모르게 고문을 하는 사람은 반드시 악행을 한다고 단정할 수 없는데, 그 행동이 사람들에게 알려지면 그 사람을 벌해야 한다고 말하고 있잖아요.

피터 싱어 공리주의자라면 이중 윤리를 항상 배척할 수는 없어요. 우리에게는 공적인 규칙이 필요합니다. 그렇지만 일부 경우에는 예외가 도덕적으로 허용된다는 점을 인정해야 합니다.

슈테판 클라인 아주 오랫동안 철학자들은 윤리에 대해서 매우 추상적인 글만 썼습니다. 반면에 교수님은 정말 현실적인 질문들을 윤리학의 논제로 제시했죠. 채식주의, 낙태, 빈곤, 의사들의 사망진단 등을 말입니다. 어찌 보면 지저분한 문제들인데, 교수님은 어쩌다가 이런 문제들을 다루게 되었을까요?

피터 싱어 윤리학과 실생활이 다시 가까워진 것이 나만의 공로는 아닙니다만, 내가 그런 변화에 기여한 것은 사실이에요. 과거에 철학은 삶과 아주 가까울 수 있었습니다. 토마스 아퀴나스는 결정을 위한 조언을 제시했고, 데이비드 흄은 자살에 관한 글을 썼고, 칸트는 거짓말과 영원한 평화에 대해서 논했어요. 그런데 이런 전통이 20세기 전반기에 완전히 구식이 되고 말았어요. 갑자기 철학자들이 단어와 개념의 의미를 분석하는 일에만 골몰하는 분위기가 되었죠. 이제는 철학자들이 윤리적 질문에 감히 접근하지 말아야 한다는 말까지 나올 정도였어요. 윤리적 질문을 다루는 것은 성직자의 몫이라면서요. 정말 말도 안 되는 얘기죠! 철학자는 여러 논증을 비교하고 평가하는 일을 잘 하는 사람이에요. 바로 그렇기 때문에 윤리학에 큰 기여를 할 수 있고요.

슈테판 클라인 교수님은 세상을 변화시킬 생각이었나요?

피터 싱어 멜버른에서 대학에 다닐 때 나는 정치에 관심이 아주 많았습니다. 당시에 벌어지던 베트남전에 오스트레일리아도 참전 중이었거든요. 병역의 의무도 있었어요. 상황이 그렇다 보니 자연스럽게 이런 질문들을 던지게 되더군요. 전쟁이 정당화될 때는 언제일까? 시민이 국가에 반항해도 될까? 나는 나의 공부를 나 자신이 휘말린 상황에 적용하고 싶었습니다.

슈테판 클라인 하지만 그 후에 교수님은 빈곤에 관한 논문으로 명성을 얻었습니다. 그 논문에서 교수님은, 다른 곳의 사람들이 생활필수

품 부족에 시달리는 상황에서 사치스러운 삶을 영위하는 것은 부도덕하다고 주장했죠. 그 논문은 오늘날까지도 교수님의 논문 중에서 가장 많이 인용되었습니다.

피터 싱어 내가 그 논문을 1971년에 썼어요. 당시에 현재의 방글라데시 지역에서 일어난 봉기의 여파로 900만 명이 인도로 피난했습니다. 인도는 가난한 나라여서 몰려드는 피난민을 감당하기 어려웠고요. 그때 나는 옥스퍼드에서 약소한 장학금에 의지해서 살고 있었죠. 하지만 나는, 수백만 명의 피난민이 거처도 없고 깨끗한 식수도 없이 살고 수백 명이 굶어 죽는 상황에서, 내가 꼭 필요하지 않은 물품을 소비하는 것을 용납할 수 없다고 느꼈습니다. 그럴 수밖에 없죠. 모금함에 몇 푼 던져 넣는다고 해서, 양심의 아우성이 잠잠해질 리 없잖아요.

슈테판 클라인 그래서 어떻게 했나요?

피터 싱어 나와 아내는 그리 넉넉지 않던 당시 우리의 수입에서 10퍼센트를 떼어 피난민 구호에 보태기로 결정했습니다. 그때 이후 우리는 세계에서 가장 가난한 사람들을 위한 기부 비율을 꾸준히 높여왔어요. 또한 나는 우리의 삶에 무언가 근본적인 문제가 있다는 점을 설명하려고 노력했어요. 지금도 노력하는 중이고요.

슈테판 클라인 교수님은 부유한 북반구에 거주하는 우리를 어린 소녀가 웅덩이에 빠져서 허우적거리는 모습을 지켜보는 목격자에 비유했습니다. 소녀의 목숨이 위태로운데도 목격자는 웅덩이로 들어가지 않아요. 왜냐하면 자기 구두가 더러워지는 것이 싫어서.

피터 싱어 정확히 그렇습니다. 우리는 우리가 하는 일뿐 아니라 하지 않는 일에 대해서도 윤리적 책임을 져야 해요. 당신이 비교적 저렴한 자동차 말고 벤츠를 모는 쪽을 더 선호한다면, 벤츠를 구입하십시오. 하지만 그렇게 결정한다면, 당신은 벤츠를 살 돈으로 구할 수 있었을 타인의 목숨보다 자신의 좌석 난방이 더 중요하다고 결정하는 셈입니다.

슈테판 클라인 물에 빠진 아이의 비유는 한 가지 결정적 허점이 있어요. 우리가 누군가의 불행을 직접 목격한다면, 우리는 그 희생자에게 무엇이 필요한지 보고 스스로 무언가 할 수 있습니다. 반면에 머나먼 다른 대륙에서 사람들이 곤경에 처한다면, 우리가 그들을 도우려면 중개자들이 필요합니다. 그런데 많은 경우에 그 중개자들은 신뢰하기 어려워요. 그래서 우리는 차라리 구호 활동 참여를 삼가는 쪽을 선택하죠. 그도 그럴 것이, 우리의 위임을 받은 중개자들이 오히려 상황을 더 악화시키는 것은 아닐까 라는 의문이 생겨도 우리는 어떻게 확인할 길이 없어요.

피터 싱어 진정한 의미의 윤리학적 문제를 제기하는군요. 일단 내가 든 비유를 계속 활용합시다. 만일 오늘 구조된 아이가 내일 또 웅덩이에 빠진다면, 어떻게 될까요? 이 경우에는 그 아이를 구할 윤리적 동기가 훨씬 약해질 겁니다. 같은 맥락에서 국가 차원의 원조를 비판하는 목소리도 이미 있습니다. 그런 원조는 장기적인 해결책이 아니라는 비판이죠. 많은 경우에 일리 있는 비판이에요. 하지만 다른 한편으로 우리는 훌륭한 비정부 기구들이 빈민들을 위해 얼마나 많은 일을 할 수 있는지 압니다. 세계 인구는 1960년대 이후 두 배 넘게 증가했지만, 영양실조나 설사병과 폐렴 같은 질병으로 죽는 아동의 수는 그때보다 지금이 더 적습니다. 예컨대 세계보건기구가 아프리카에서 실시한 홍역 예방접종 프로그램의 엄청난 성과를 생각해보세요. 그 프로그램 하나가 수백만 명의 목숨을 구했죠. 이런 이유 때문에 나는 우리에게는 얼마 안 되는 비용이 아주 큰 결실을 가져온다고 생각합니다.

슈테판 클라인 미국에서 나온 한 추정에 따르면, 매년 130억 달러를 추가로 투입하면 전 세계인에게 간단한 보건 서비스를 제공하기에 충분하다고 해요. 그런데 130억 달러면, 우리 유럽인이 매년 아이스크림을 사 먹는 데 쓰는 금액과 거의 같습니다. 만일 그 추정이 옳다면, 내가 느끼기에 그 추정은 고무적인 동시에 섬뜩합니다. 아주 많은 생명을 구하기 위해서 우리가 많은 것을 포기할 필요는 없다는 점에서 고무적이고요, 그런데도 우리가 그렇게 하지 않는다는 점에서 섬뜩해요.

피터 싱어 그래요, 그런 수치는 섬뜩합니다. 왜냐하면 모든 각각의 생명은 동등한 가치를 가진다는 우리의 신조가 이론에 불과함을 그 수치가 보여주니까요. 실생활에서 우리는 그 신조와는 영 딴판으로 행동합니다.

슈테판 클라인 왜 그럴까요?

피터 싱어 인간의 심리가 장애물이에요. 타인이 도움을 필요로 한다는 사실을 아는 것과 느끼는 것은 퍽 다릅니다. 아는 것만으로 행동에 나서는 사람은 극히 드물어요. 대다수 사람들은 그 사실을 느껴야 합니다. 당신이 사람들에게 사정을 설명하기만 한다면, 사람들은 행동에 나서지 않을 거예요. 하지만 곤경에 처한 사람의 사진을 본다면, 사람들은 훨씬 더 적극적으로 행동에 나설 겁니다.

슈테판 클라인 해마다 이맘때가 되면 우리는 기부를 통해 도울 수 있는 가난한 아이들의 사진을 질리도록 봅니다. 거의 모든 현수막에서 가난한 아이가 우리를 바라보죠. 그런데도 우리는 사랑하는 친지들에게 줄 선물을 먼저 챙겨요. 정이 듬뿍 담겼지만 대개 없어도 괜찮은 선물을요.

피터 싱어 누구나 잘 도울 수 있다는 것을 우리가 알기 때문에, 결국 아무도 책임감을 느끼지 않는 거예요. 군중 속에 숨는 거죠. 여기 뉴욕에서 1964년에 '키티 제노비스'라는 젊은 여성이 살해되는 유명한 사건이 일어났어요. 한 건물에 사는 사람들 모두가 그녀의 필사적인 비명을 들었지만, 그녀는 살해당했습니다. 아무도 경찰을 부르지 않았어요. 다들 다른 누군가가 신고하려니 했던 거죠.

슈테판 클라인 뿐만 아니라 우리가 도움을 줄 때에도 우리의 자연적인 반응이 우리를 오류로 이끄는 경우가 많습니다. 한 실험에서 피실험자들은 몇천 달러를 기부하는데, 이름이 명시된 한 소녀가 수술을 받고 목숨을 건지는 데 기부할지, 아니면 치명적인 병에 걸린 아이 여덟 명의 치유를 위해 기부할지 선택할 수 있었습니다. 대다수의 피실험자들은 전자를 선택했지요.

피터 싱어 더욱 놀라운 것은, 우리가 병든 아이 백 명 중에서 여덟 명만 구할 수 있다는 것을 알았을 때 보이는 행동이에요. 이 경우에 대다수 사람들은 기부를 포기하고 주머니를 닫아버립니다. 그들에게는 자신의 도움으로 살아남을 수 있는 아이의 명수보다 자신이 구할 수 없는 아이의 명수가 더 중요한 것 같아요.

슈테판 클라인 아무래도 우리의 직관은 세상에서 고통을 최대한 많이 제거하는 일에 별로 도움이 안 되는 것 같습니다. 어쩌면 우리의 도덕감이 현재와는 전혀 다른 조건 아래에서 발생했다는 점도 이 문제와 관련이 있을지 몰라요. 우리의 뇌는 우리 조상들이 얼마든지 한 눈에 굽어볼 수 있는 공동체 안에서 살 때 프로그래밍 되었으니까요. 그 시절에는 우리가 몸소 체험하지 않으면서 알기만 하는 곤경 따위는 전혀 존재하지 않았잖아요. 또 우리가 완전히 해결할 수 있는 문제를 선호하고 그렇지 않은 문제 앞에서는 움츠러드는 성향을 타고나는지도 모르겠네요.

피터 싱어 우리가 우리의 세계에 가련할 정도로 열등하게 적응했다는 점만큼은 틀림없는 사실이에요. 비즈니스석에 타고 뉴욕으로 날아가는 것이 가난한 농부의 밭에 독약을 뿌려서 영영 망쳐놓는 것만큼이나 윤리에 어긋난다는 사실을 우리가 좀처럼 실감하지 못하는 것도 똑같은 이유 때문입니다. 실제로 온실기체는 독약과 똑같은 작용을 해요. 앞으로 온실기체가 아프리카의 건기를 연장시키고 그곳의 농부들이 식량을 얻을 수 없게 만들 가능성이 아주 높습니다. 세계보건기구에 따르면 이미 지금도 매년 14만 명이 기후변화 때문에 확산한 감염병으로 사망합니다. 미래에는 그런 사망자의 수가 훨씬 더 늘어날 거예요.

슈테판 클라인 이런 사실들에 기초해서 더 나은 결정을 내리는 법을 어떻게 하면 배울 수 있을까요?

피터 싱어 인터넷이 중요한 활로일 수 있어요. 도움을 주는 사람과 받는 사람이 개인적으로 관계를 맺을 수 있게 해주니까요.

슈테판 클라인 키바www.kiva.org 같은 사이트를 이용하면, 도움이 필요한 제3 세계의 개인에게 돈을 빌려주고 그 돈이 그의 빈곤 탈출에 어떤 도움이 되는지 지켜보는 것까지 가능합니다.

피터 싱어 바로 그거예요. 그런 식으로 구체성을 확보하는 거죠. 또 내가 쓴 글도 효과가 있습니다. 내가 개설한 웹사이트www.thelifeyoucansave.com에서 현재까지 7,900명이 넘는 사람들이 자기 수입의 일정 비율을 빈민을 위해 기부하겠다고 약정했지요. 그리 많은 사람은 아니라고 생각할지 모르지만, 우리는 그만큼의 기부금으로도 많은 일을 할 수 있을 겁니다.

슈테판 클라인 교수님의 윤리학적 견해가 대중의 반발을 사는 경향도 없지 않습니다. 많은 사람은 교수님의 이름을 들으면 신생아와 장애인의 처우에 관한 교수님의 견해를 떠올립니다. 그 견해가 흉측하다고 생각하면서요. 교수님이 독일에 나타났을 때는 소요가 발생했고, 프린스턴 대학교가 교수님을 임용했을 때는 격분한 후원자들이 후원을 중단했지요. 빈민을 위해서라도, 생명윤리에 대한 교수님의 견해를 내세우지 않는 편이 더 낫지 않았을까요?

피터 싱어 흥미로운 질문이네요. 한편으로 나의 글 몇 편을 둘러싼 추문은 나의 명성에 보탬이 되었습니다. 그런 한에서 나에게 이로웠죠. 다른 한편으로 나는 생명윤리에 관한 책을 처음 쓸 때 나의 견해가 일으킬 파문을 전혀 예상하지 못했어요.

슈테판 클라인 정말요? 예컨대 교수님의 대표적인 저서인 『실천윤리학』에 이런 문장이 나와요. "신생아 살해는 그릇된 행동이 아닐 경우가 아주 많다." 나는 이 문장이 대단히 충격적이라고 느낍니다.

피터 싱어 맥락 없이 그 문장만 떼어놓고 말씀하는군요. 사실 『실천윤리학』은 10년 동안 오직 전문 윤리학자들의 관심만 받다시피 했습니다. 그 책에 대한 항의는 내가 1989년에 독일에서 강연할 때 처음 제기되었어요. 나중에 활발해지긴 했지만 장애인운동도 내가 책을 쓸 당시에는 아직 없었죠.

슈테판 클라인 방금 인용한 문장으로 마무리되는 절에서 교수님은 예컨대 혈우병 확진 판정을 받은 신생아를 죽이는 것은 옳은 행동이라고 주장했습니다. 지금도 그 견해에 변함이 없나요?

피터 싱어 예. 내가 당시에 열거한 조건들 아래에서는 신생아 살해를 철학적으로 정당화할 수 있다고 봅니다. 혈우병에 시달리는 삶보다 혈우병 없는 삶이 더 낫다는 것은 말할 필요도 없어요. 유전자 검사에서 태아에게 혈우병이 있다는 판정이 내려지면, 대다수 산모들은 낙태를 선택합니다. 그런 낙태는 합법적이고 내가 보기에 이해할 만해요. 자, 한번 따져봅시다. 아기가 아직 자궁 안에 있을 때 죽이는 것과 태어난 직후에 죽이는 것이 대체 무슨 차이가 있을까요?

슈테판 클라인 엄청난 차이가 있죠. 뒤늦게 낙태를 하면 예컨대 임신 2개월에 낙태를 할 때보다 임신부의 몸과 마음이 훨씬 더 고통스럽습니다. 더구나 아기를 낳고 나서 죽게 한다면, 산모의 고통은 이루 말할 수 없이 클 거예요.

피터 싱어 물론 조기에 낙태하는 것이 더 낫습니다. 그렇지만 윤리적 문제는 똑같아요. 우리가 낙태를 허용한다면, 출산 후에 부모가 아이를 양육할 의사가 없고 양부모도 구할 수 없을 경우에 한해서 신생아를 안락사시키는 것도 허용해야 일관됩니다. 나는 국가가 부모를 강제해서 그들이 사랑할 수 없는 아이를 그들의 의지를 거슬러 양육하도록 강제하는 것이 바람직하다고 믿지 않아요. 우리의 목표는 불필요한 고통을 피하는 것이어야 합니다.

슈테판 클라인 물론 논쟁할 수 있는 사안이겠죠. 하지만 나는 교수님의 논증이 발판으로 삼는 전제부터가 이해하기 어려워요. 신생아의 부모는 나중에 자신들이 아이에게 어떤 감정을 느끼게 될지 대체 어떻게 알까요? 다들 알다시피 사람은 처음 접하는 상황에서 자신이 어떤 감정을 느낄지를 잘 예상하지 못합니다.

피터 싱어 부모가 결정에 앞서 상세한 설명을 듣는 것을 의무로 규정해야 할 겁니다.

슈테판 클라인 타인의 조언이 우리가 우리 자신의 심리 상태를 파악하는 데 과연 얼마나 도움이 될지 나는 의문입니다. 휠체어를 탄다는 것이 무엇인지는 누구나 알아요. 그런데 사람들에게 만일 당신이 사고를 당해 어깨 이하의 온몸이 마비된다면 느낌이 어떻겠냐고 물으면, 아주 많은 사람들은 이렇게 대답합니다. "차라리 죽는 편이 낫죠." 하지만 실제로 마비환자들은 자신의 새로운 처지에 놀랄 만큼 신속하게 적응합니다. 물론 한동안 깊은 우울증에 빠지지만, 1년도 채 지나기 전에 대다수 환자들이 사고 이전에 누리던 삶의 만족도에 다시 접근하죠.

피터 싱어 실제로 자신의 감정 반응을 예상하기는 어렵습니다. 그러나 당신이 제기하는 모든 반론은 낙태 결정에도 적용됩니다.

슈테판 클라인 그래요, 바로 그렇기 때문에 나는 교수님의 시도를 더욱 회의적으로 봐요. 행위의 결과에 대한 우리의 예상만을 근거로 삼아서 윤리적 판단을 내리려는 교수님의 시도가 미덥지 않습니다. 자기 자신의 감정 반응조차 제대로 파악하지 못하는 사람들이 어떻게 생사가 걸린 결정을 책임 있게 내린단 말인가요? 이런 문제 때문에 규칙이 필요한 겁니다. 예컨대 그 누구도 신생아를 죽이면 안 된다는 규칙이.

피터 싱어 하지만 규칙이 문제를 해결해주는 것은 아니에요. 나는 신생아 병동의 의사들에게 문의를 받은 것을 계기로 신생아 살해에 대해서 숙고하기 시작했습니다. 1970년대의 일인데, 당시에는 '척추갈림증'이라는 기형이 비교적 흔했어요. 이 기형을 지닌 아기는 척수가 치유 불가능하게 손상된 채로 태어나는 경우가 많아요. 그다음에는 거의 예외 없이 천천히 죽어가죠. 의사들은 어떻게 해야 할까요? 첫째, 당시에 가용한 기술을 총동원하여 아기를 치료함으로써 고통을 길게 늘일 수 있겠죠. 둘째, 아무 조치도 하지 않음으로써 아기가 최소한 신속하게 죽음을 맞게 할 수 있어요. 하지만 아기는 역시 고통스럽게 죽겠죠. 셋째, 아기를 안락사시킬 수 있을 거예요. 대다수 의사들은 두 번째 방법을 선택했습니다. 우리는 세 번째 방법, 곧 주사를 놓아서 신속하게 죽음을 맞게 하는 것이 더 인간적이라고 보았고요. 다행히 임신 중의 예방조치가 개선된 덕분에 지금은 척추갈림증이 극히 드물어졌습니다.

슈테판 클라인 그런 드문 특수 사례 때문에 모든 신생아의 생명권을 의문시하는 것이 과연 옳은 방향일까요?

피터 싱어 작은 구멍이 뚫리기 시작하면 결국 둑이 무너진다면서 걱정하는 분들이 있지만, 나는 그런 위험은 없다고 봅니다. 네덜란드에서는 치유 불가능한 환자가 원하면 안락사를 허용한 지 꽤 오래되었어요. 그럼에도 유럽의 다른 곳보다 네덜란드에서 타인에 대한 존중심이 약해진 것은 결코 아닙니다. 네덜란드인들은 단지 더 솔직하게 행동할 뿐이에요. 연민에서 우러난 살인이라고 할 만한 것이 분명히 존재합니다. 나는 우리가 어떤 손해도 없이 살인 금지의 예외를 허용할 수 있다고 봐요.

슈테판 클라인 그 주장에 대한 입증 책임은 교수님에게 있습니다! 교수님이 그토록 근본적인 금지를 제거하려 한다면, 그 제거가 어떤 이득을 가져올지를 교수님 자신이 증명할 수 있어야 마땅해요. 증명할 수 없다면, 신중하게 판단해야 한다는 점만 고려하더라도, 살인하지 말라는 규칙을 우리가 계속 따르는 편이 더 낫다고 봅니다.

피터 싱어 치유 불가능한 환자들을 그들이 원하지 않는데도 억지로 살도록 우리가 강제하는 일이 없어진다는 것이 이득이겠죠. 그렇기는 하지만, 가능한 손해와 이득에 대한 증명은 아쉽게도 불가능합니다.

윤리적 표준은 늘 끊임없이 변해왔어요. 예컨대 20~30년 전에 비해 오늘날 우리는 성적인 문제에 대해서 훨씬 더 관대해졌죠. 이런 변화 때문에, 한때 많은 사람들이 경고한 대로 가정이 붕괴했나요? 지금은 특히 미국에서 또다시 가정 붕괴를 우려하는 목소리가 요란합니다. 동성 결혼에 반대하는 목소리죠. 나는 이 우려가 탄탄한 근거를 가졌다고 보지 않아요. 하지만 미래를 누가 알겠습니까. 옳은 우려일지도 모르죠.

슈테판 클라인 이런 대목에서 드러나듯이, 윤리학은 부족한 점이 있기 마련입니다. 왜냐하면 윤리학은 확실한 사실이 아니라 추측에 기초를 두니까요.

피터 싱어 예, 그렇습니다. 나는 그렇지 않기를 바라지만요.

슈테판 클라인 대관절 왜 우리는 윤리적으로 행동해야 하는 걸까요?

피터 싱어 우리 자신에게 이득이 되기 때문이에요. 우리는 의미 있게 살기를 원합니다. 또 타인의 안녕을 헤아리는 사람은 오직 자신만 생각하는 사람보다 일반적으로 더 행복합니다. 여러 심리학 연구에서 밝혀진 바에요.

슈테판 클라인 최신 뇌 과학 연구들은 한 걸음 더 나갔습니다. 자발적으로 타인과 공유하기로 결정하면 우리 안에서 행복감이 일어날 수 있다는 것이 증명되었어요. 우리 머릿속에서 일종의 쾌락 회로가 활성화되는 거예요. 우리가 초콜릿을 맛있게 먹거나 섹스를 즐길 때 우리에게 쾌감을 제공하는 바로 그 메커니즘이 활성화된다고요.

피터 싱어 아주 흥미로운 이야기로군요. 일부 철학자들은 그런 연구 결과에 반발하면서 이렇게 주장하죠. "우리가 행동하면서 어떤 이득도 취하지 않을 때만, 그 행동이 윤리적이다. 다른 모든 행동은 더 높은 수준의 이기적 행동일 뿐이며 윤리의 토대를 갉아먹는다"라고요. 예컨대 칸트의 입장이 그랬죠. 나는 이 입장을 해로운 오류로 봐요. 타인을 도우면 자신에게 이득이 된다는 점을 우리가 사람들에게 일깨운다면, 그건 두 손 들어 환영할 일이거든요.

슈테판 클라인 교수님이 자신의 윤리적 통찰에 반하는 행동을 거듭할 때, 예컨대 꼭 필요하지 않은데도 비행기를 탈 때 생기는 죄책감은 어떻게 처리하나요?

피터 싱어 뭐, 다음번에는 여행을 취소하고 그 경비를 구호단체에 기부하면서 기분이 어떤지 느껴볼 수 있겠죠. 게다가 국내에서 친구들과 보내는 주말이 계획했던 뉴욕 쇼핑 여행보다 더 만족스러울 수도 있겠고요. 그런 식으로 차츰 선행에 익숙해지는 거죠.

Wir könnten unsterblich sein

11

나의 세계와 나

뇌는 우리 자신의 이미지를 어떻게 산출할까?
생물물리학자 "크리스토프 코흐"는
어떻게 의식이 발생하는지 연구한다.

Christof Koch

1956년 미국에서 태어났다. 현재 시애틀 앨런뇌과학연구소의 최고과학책임자로 있다. 동료 과학자 프랜시스 크릭과 함께 '의식의 신경상관물'을 제안하면서 그동안 철학의 대상이었던 의식이 진지한 과학의 대상으로 자리매김하는 패러다임의 전환을 일으켰다. 국내 출간된 책으로 『의식』, 『의식의 탐구』 등이 있다.

어떻게 세계가 머릿속으로 들어가는 것일까? 우리의 뇌는 물과 단백질과 지방으로 이루어졌으며 무게는 약 1.5킬로그램이다. 어떻게 이 물컹물컹한 혼합물 덩어리가 우리의 모든 체험을 산출할까?

이런 질문 앞에서는 심지어 자신감 넘치는 사상가들도 움츠러든다. 그러나 크리스토프 코흐는 의식이라는 수수께끼를 풀 수 있다고 주장한다. 생물물리학자인 그는 여러 실험으로도 주목을 받았다. 예컨대 그는 할리우드 스타들을 알아보는 기능을 전문적으로 맡는 뇌세포를 발견했다. 2년 전부터 코흐는 시애틀의 한 사립 연구소의 과학 책임자로 일한다. 그 연구소는 마치 산업체가 생산 활동을 하듯이 뇌 과학을 연구한다. 연구소의 설립자는 마이크로소프트 사의 공동 창업자이기도 한 억만장자 폴 앨런이다. 그가 연구소를 위해 준비한 자금은 5억 달러에 달한다. 모험적인 코흐는 대단한 암벽등반 여행으로도 세간의 이목을 끌곤 한다.

우리는 뉴욕 워싱턴 광장의 한 건강음료 카페에서 만났다. 캔자스시티에서 독일 외교관의 아들로 태어나 튀빙겐에서 대학을 다닌 코흐는 독일어 발음이 섞인 영어로 말했다. 개인적인 이야기가 나올 때만 그는 우리의 공통 모어인 독일어를 썼다. 종업원이 샐러드를 가져왔다. 심지어 지렁이에서도 의식의 흔적을 보는 코흐는 채식주의자다.

슈테판 클라인 코흐 박사님, 우리가 이렇게 대화하면서 동시에 이 샐러드를 의식적으로 즐기면서 먹을 수 있을까요?

크리스토프 코흐 아마 그럴 수 없을 것 같아요. 일반적으로 의식은 주의집중을 전제하거든요. 의식의 주의는 대개 단 하나의 사안에만 집중될 수 있고요. 그렇게 주의집중이 되면 다른 모든 것은 말하자면 가려집니다. 당신이 흥미진진한 대화에 주의를 집중하면, 음식이 당신 혀의 미뢰를 자극하더라도 당신은 맛을 거의 느끼지 못해요.

슈테판 클라인 그러니까 주의집중은 필터의 구실을 하는군요. 그럼 의식은 뭐죠?

크리스토프 코흐 의식이란 당신의 내면적 경험을 말해요. 당신은 이 샐러드에 뿌린 소금을 맛보고, 다음 순간에 내 얼굴의 이미지를 봅니다. 그러려면 당신은 감각인상에 주의를 집중해야 합니다. 하지만 그것만으로는 부족해요. 감각지각은 물리적 신호만 판별하니까요. 이를테면 당신의 혀에 닿은 분자나 당신의 눈에 도달한 빛 파동만 분석하죠. 하지만 당신은 주관적인 느낌**sensation**을 가져요. 머릿속에 맛과 이미지를 가진다고요. 이건 전혀 다른 사안입니다. 이 내면적 경험은 로마의 카타콤(**catacomb,** 지하 묘지 - 옮긴이)처럼 복잡한 대뇌의 어딘가에서 발생하는 것이 분명해요. 어떻게 발생하는가는 커다란 수수께끼고요.

슈테판 클라인 대다수 사람들은 이런 문제를 대수롭지 않게 여깁니다. 각자가 자신의 삶을 마치 영화처럼 마주한다는 것은 너무나 자명한 일이라고 생각하죠.

크리스토프 코흐 물속에서 헤엄치는 물고기가 물에 대해서 숙고할까요? 우리도 마찬가지예요. 우리는 의식이 사라질 때만 의식을 알아채죠. 일반적으로 아주 깊은 잠이나 마취 또는 뇌졸중에 이은 심한 정신착란만이, 의식은 우리 삶의 필연적인 요소가 아님을 우리에게 알려줍니다.

슈테판 클라인 박사님은 거의 30년 전부터 의식을 연구해왔습니다. 물리학자인 박사님이 어쩌다가 의식이라는 주제에 손을 댔을까요?

크리스토프 코흐 의식은 다른 모든 앎의 전제입니다. 우주가 존재한다는 것을 나는 어떻게 확실히 알 수 있을까요? 또 나는 나 자신이 존재한다는 것을 어떻게 알 수 있죠? 오직 이 두 가지를 내면적으로 경험함으로써만, 알 수 있어요. 의식은 우리가 확신할 수 있는 유일한 사실입니다. 일찍이 데카르트가 깨달은 바죠.

슈테판 클라인 데카르트는 "코기토, 에르고 숨Cogito, ergo sum"이라고 썼습니다. "나는 생각한다, 고로 존재한다"라는 뜻이죠. 그런데 나는 왜 데카르트가 생각을 그토록 강조하는지 영 이해가 안 가요. '나는 존재한다'라고 내가 느낀다는 점이 훨씬 더 본질적이지 않나요? 나는 그렇게 봐요.

크리스토프 코흐 바로 그 느낌이 데카르트가 강조하려던 바라고 나는 믿습니다. 나는 온갖 상상을 하면서, 예컨대 이루 말할 수 없이 아름다운 여자가 나를 사랑한다고 상상하면서 터무니없는 오류에 빠질 수 있어요. 하지만 내가 내면적 경험을 가진다는 점에 대해서 '내가 착각한다'는 불가능해요. 데카르트가 요새 사람이라면 어쩌면 이렇게 쓸지도 모릅니다. "나는 의식이 있다, 고로 존재한다." 의식이 존재한다는 것은 내가 사는 우주의 가장 근본적인 속성입니다. 과학은 아주 오랫동안 의식에 대한 질문을 외면했어요. 어떻게 그럴 수 있었는지, 나로서는 이해할 수가 없어요.

슈테판 클라인 언젠가 박사님은 "삶에 의미가 있다는 나의 믿음을 정당화하고 싶다는 나의 거스를 수 없는 소망"을 언급했습니다. 그 소망이 교수님을 의식의 기원에 대한 연구로 이끌었다고 했죠. 나는 이 발언을 접하고 깜짝 놀랐습니다.

크리스토프 코흐 과학자가 과학자에게 연구의 동기에 대해서 묻는 것은 바람직하지 않은데.

슈테판 클라인 나는 한 명의 인간인 코흐 씨에게 묻는 겁니다.

크리스토프 코흐 나는 독실한 가톨릭교도였습니다. 부모님이 나를 신앙인으로 키웠어요. 나는 미사 때 복사 노릇을 했고, 예수회 학교의 선생들은 나에게 정신적인 좌표계를 전수하고 의미를 향한 열망을 만족시켜 주었죠. 하지만 물리학자로서 실험실에서 나는 전혀 다른 세계를 탐구했습니다. 이쪽에는 사실들을 설명하는 과학이 있었고, 저쪽에는 신의 창조에 대한 믿음이 있었죠. 나는 분열된 현실 속에서 살았어요. 주중의 현실이 따로 있고, 미사에 참석하는 주일의 현실이 따로 있었죠. 그러던 중에 프랜시스 크릭을 만났습니다.

슈테판 클라인 크릭은 1953년에 제임스 왓슨과 함께 유전물질 DNA를 발견하고 그 공로로 노벨상을 받았죠.

크리스토프 코흐 유전의 비밀을 밝혀낸 뒤에 크릭은 의식으로 관심을 돌렸습니다. 우리는 1980년대 후반에 긴밀한 공동연구에 착수했지요. 이제 와서 드는 생각이지만, 나를 그 공동연구로 이끈 것은 의식에 대한 질문 앞에서는 과학이 무력함을 확실히 보여주고 싶다는 나의 은밀한 바람이었습니다.

슈테판 클라인 연구에 실패하기로 작정한 셈이었네요.

크리스토프 코흐 예, 그렇습니다. 당시에 나는 종교의 필요성을 증명할 수 있다고 생각했어요. 의식의 발생을 설명하려면 신을 동원해야 한다고 생각했죠. 하지만 시간이 지나면서 나는 의식을 철저히 자연과학적으로 뉴런, 정보이론 등을 동원해서 설명할 수 있다는 결론에 이르렀어요. 종교는 필요하지 않습니다.

슈테판 클라인 바로 그게 크릭이 원래부터 일관되게 견지한 입장이 잖아요! 그는 일찍이 1961년에 케임브리지 대학교 처칠 칼리지에서 교수로 일할 때 사람들이 교내에 예배당을 지으려 하자, 교수직에서 물러났습니다. 크릭은 세계를 종교로부터 해방시키고자 했어요. 골수 무신론자와 의심하는 가톨릭교도라…… 틀림없이 흥미로운 한 쌍이었겠군요. 박사님의 신앙에 대해서 크릭과 이야기를 나눈 적도 있나요?

크리스토프 코흐 아뇨. 프랜시스는 관대한 사람이었어요. 그는 나의 의심을 풀어주고 싶어 했죠. 당시에 나는 종교를 포기할 수 있을 만큼 정서적으로 성숙한 상태가 아직 아니었고요. 하지만 프랜시스는 나에게, 하늘에 계신 아버지나 죽음 이후의 삶을 믿지 않아도, 좋고 의미 있고 올바른 삶을 살 수 있다는 것을 가르쳐줬어요. 그가 자신의 늙어감과 예정된 죽음을 얼마나 담담하게 대하는지 보면서 나는 감탄했습니다. 프랜시스는 2004년에 대장암으로 죽었지요. 내가 신앙으로부터 자유로워진 것은 아마도 프랜시스가 삶과 죽음을 대하는 태도를 본 덕분인 것 같아요.

슈테판 클라인 그러니까 박사님은 20년 넘게 종교를 붙들고 씨름했군요.

크리스토프 코흐 참 난감하죠. 안 그래요?

슈테판 클라인 아뇨. 난감할 게 뭐가 있어요?

크리스토프 코흐 내가 이 길을 찾는 데 그토록 오랜 세월이 필요했으니까요. 나는 신의 계시를 진심으로 갈구했습니다. 크릭과 공동연구를 시작할 즈음에 내가 미국 동부 해안에서 여름 강좌를 열었어요. 뇌 과학에서 컴퓨터의 활용에 관한 강좌였죠. 어느 날인가는 밴드까지 불러놓고 바닷가에서 파티를 벌였어요. 나는 술에 상당히 취한 데다가 마음이 뒤숭숭했어요. 그 직전에 니체가 쓴 『즐거운 학문』을 읽었거든요. 우리를 신의 무덤을 파는 인부로 묘사한 그 예사롭지 않은 대목 말이에요. 자정쯤에 나 혼자 해변으로 나갔습니다. 구름이 잔뜩 낀 데다 파도가 거셌어요. 내 기분에 딱 어울리는 날씨였죠. 나는 독일어로 외치기 시작했습니다. "마인 고트, 보 비스트 두(Mein Gott, wo bist Du 나의 신이여, 당신은 어디에 있습니까)?" 갑자기 눈 부신 빛이 비춰더니, 한 목소리가 대답했어요.

슈테판 클라인 그래요? 어떤 대답이었나요?

크리스토프 코흐 "이봐, 해변에서 꺼져, 젠장!" 신이 성난 야영자의 모습으로 내 앞에 나타난 거예요! 나는 해변에서 자려 했던 그 남자를 전혀 못 봤거든요. 아무튼 나는 전속력으로 달려 파티 장소로 돌아왔습니다.

슈테판 클라인 술이 깨면서 놀란 가슴도 가라앉았겠죠.

크리스토프 코흐 물론입니다. 그렇지만 나는 교회의 교리들이 나에게 점점 덜 중요해지는 것을 느꼈어요. 영혼이라는 개념과 의식을 탐구하는 과학이 조화될 수 없다는 점은 그래도 계속 나의 고민거리로 남았지만요.

슈테판 클라인 박사님은 먼저 신에 대한 믿음을 버리고, 그다음에 영혼에 대한 믿음을 버렸단 말인가요?

크리스토프 코흐 깊이 생각해본 적은 없지만, 예. 아마도 그랬던 것 같습니다.

슈테판 클라인 나는 종교에서 영혼에 대한 믿음은 인간보다 더 높은 존재에 대한 믿음보다 더 본질적이라고 봐요. 영혼과 불멸에 대한 생각은 사실상 모든 신앙 체계에서 한몫을 하죠. 반면에 중요한 종교 중에서도 일부는 신을 거론하지 않습니다. 예컨대 불교를 보세요.

크리스토프 코흐 지난봄에 내가 인도에서 일주일을 달라이 라마와 함께 보냈습니다. 우리는 의식에 대해 이야기했죠. 달라이 라마는 환생을 믿지만, 우리 과학자들은 믿지 않아요. 하지만 이 차이만 빼면, 그의 생각과 우리의 생각이 잘 어울린다고 나는 느꼈어요. 그 이유들 중 하나는 틀림없이 불교에 창조신이 없다는 점에 있어요. 아무튼 종교에서 의식과 영혼에 대한 물음이 신에 대한 물음보다 더 중요하다는 당신의 견해가 아마 옳을 성싶네요. 우리는 우리 자신 안에 의식이 있음을 알아채고 의식에 대한 설명을 원하니까요.

슈테판 클라인 그런데 의식과 영혼에 대해서 종교는 과학보다 훨씬 더 간단한 대답을 줄 수 있습니다. 뇌는 상상을 초월할 정도로 복잡하잖아요.

크리스토프 코흐 아우, 복잡하기 이를 데 없죠. 쌀알만 한 부피에 들어있는 신경세포의 개수만 해도 100만 개에 가깝거든요. 그 신경세포들이 2~30억 개의 접합부를 통해 서로 연결되어 있습니다. 그 접합부들을 '시냅스'라고 하고요. 이 작은 뇌 조직 속에 들어있는 연결선들을 한 줄로 잇대어 놓으면, 그 길이가 20킬로미터에 달하죠! 게다가 이 쌀알만 한 조직 속에 한두 종류의 뉴런이 들어있는 것이 아니라 서로 다른 100가지 유형의 뉴런이 들어있습니다. 사실, 우리는 아직 정확히 몰라요. 우리가 뇌를 조금 더 자세히 알게 될 때마다, 우리는 뇌가 이제껏 생각한 것보다 훨씬 더 복잡하다는 사실을 깨달아요. 하지만 우리가 의식을 가진 것은 뇌가 이토록 복잡한 덕분입니다.

슈테판 클라인 뿐만 아니라 설령 박사님이 뇌를 궁극의 세부까지 탐구했다 하더라도, 의식이라는 수수께끼를 풀기에는 턱없이 부족할 거예요. 왜냐하면 내면적 경험을 설명하는 과제가 여전히 남아있을 테니까요. 내면적 경험은 현미경으로 관찰할 수도 없고 측정 장치로 잴 수도 없어요. 우리가 대상을 내면적으로 어떻게 경험하는지 알려면, 각자 자신의 내면을 들여다보는 수밖에 없습니다. 예컨대 우리가 똑같은 커피를 마신다고 합시다. 박사님은 내가 느끼는 맛이 박사님이 느끼는 맛과 똑같은지 여부를 어떻게 알아낼 생각인가요?

크리스토프 코흐 나는 당신의 경험에 접근할 수 있지만, 내가 당신의 경험에 완전히 도달하는 일은 영원히 없을 거예요. 하지만 아무튼 나의 뇌와 당신의 뇌는 매우 유사하게 작동합니다. 만약에 그렇지 않다면, 예컨대 소설이나 오페라가 수백 만 명을 감동시키는 일은 전혀 불가능하겠죠. 리하르트 바그너는 130여 년 전에 〈트리스탄과 이졸데〉를 작곡했어요. 그런데도 그 비극과 그 음악은 지금도 우리를 감동시켜요. 왜 그럴까요? 우리는 누구나 한때 사랑에 빠져봤기 때문이에요. 그리고 오늘날에는 이런 내면적인 과정을 연구하려는 과학자들에게 전혀 새로운 가능성들이 열렸습니다.

슈테판 클라인 이를테면 어떤 가능성이 열렸나요?

크리스토프 코흐 내 실험실은 10여 년 전부터 신경외과의사들과 함께 연구합니다. 그들은 때때로 간질환자의 뇌에 전극을 이식하죠. 목적은 발작이 일어나는 지점을 발견하는 것이고요. 그렇게 머릿속에 전극이 심어져 있는 동안에는, 그것을 이용해서 흥미로운 실험을 할 수 있습니다. 환자들도 그 실험을 재미있어 해요. 예컨대 우리는 환자에게 사진을 보여주면서 전극과 접촉한 뉴런이 어떻게 반응하는지 관찰합니다. 대개 영화배우의 사진을 사용해요. 병원이 할리우드에서 겨우 8킬로미터 거리에 있거든요. 한번은 영화제작사에서 일하고 영화배우 제니퍼 애니스톤과 친분이 있는 한 여성이 실험에 참여했어요. 우리가 애니스톤의 사진을 그녀에게 보여주면, 어김없이 똑같은 뉴런이 점화했습니다. 놀랍게도 그 뉴런은 애니스톤에만 반응했어요. 다른 영화배우나 다른 금발 여성에는 반응하지 않았죠. 우리는 다른 환자들의 뇌에서도 영화배우 할리 베리나 빌 클린턴 대통령에만 반응하는 뉴런을 발견했습니다.

슈테판 클라인 그런 뉴런이 의식적 경험과 관련이 있나요?

크리스토프 코흐 환자들은 이렇게 말했어요. "아, 또렷하게 보이네요. 제니퍼 애니스톤이에요." 그런데 그 뉴런은 사진에만 반응한 것이 아니라 우리가 "ANISTON"이라는 문구를 보여주었을 때도 반응했습니다. 또 그 이름을 불러주었을 때도 반응했고요. 요컨대 그 뉴런은 얼굴이 아니라 "제니퍼 애니스톤"의 개념이라고 할 만한 것을 코드화encoding했던 거죠. 이 실험에서 알 수 있듯이, 우리는 익숙한 대상에 전문적으로 반응하는 뉴런을 가지고 있는 것으로 보입니다. 우리의 배우자, 자식, 반려동물, 자동차, 또 유명인들에 전문적으로 반응하는 뉴런들이 있다는 거죠.

슈테판 클라인 그런 세포들의 신호를 포착하면 생각을 읽어낼 수 있겠군요.

크리스토프 코흐 예. 내가 지도한 박사과정 학생 하나는 전극들을 영사기와 연결했어요. 뉴런 하나가 점화하면, 그에 대응하는 그림이 영사기를 통해 나타났죠. 예컨대 한 환자의 뇌에는 마릴린 먼로를 코드화한 뉴런들도 있고 조쉬 브롤린을 코드화한 뉴런들도 있었어요. 그 환자가 마릴린 먼로를 생각하기만 해도, 지하철 환풍구에서 나오는 바람에 먼로의 치마가 들춰지는 그 유명한 사진이 곧바로 영사막에 나타났습니다. 브롤린을 생각할 때도 그의 사진이 나타났고요. 환자가 누구를 생각할지 결정하지 못하고 머뭇거리면, 두 사진이 중첩된 장면이 나타났습니다. 우리는 환자들에게 영사막에 나타난 장면을 보여주었어요. 그러자 그들은 자기 생각과 뉴런을 통제하는 법을 피드백 학습을 통해서 점점 더 확실하게 터득했습니다.

슈테판 클라인 그렇다면 정신이 물질을 지배한다고 말할 수 있겠는데요.

크리스토프 코흐 글쎄요, 그 상황에서 누가 누구를 지배한다는 거죠? 나라면 뇌의 한 부분이 다른 부분을 조종한다고 말하겠어요. 내가 실험에 참여한 환자에게 지금부터 10초 동안 먼로를 생각하라고 요청하면, 이 요청이 환자의 뇌 앞부분에 단기기억으로 저장됩니다. 그곳의 뇌세포들은 뇌 속에 더 깊숙이 위치한 장기기억 담당 뉴런들에 영향을 미쳐요. 우리는 그 뉴런들에서 장기기억을 끌어내고요. 당신이 디저트를 하나 더 먹으려는 충동을 억제할 때도 이와 유사한 과정이 일어납니다. 당신 뇌의 한 부분은 즉각적인 쾌락을 원하지만, 다른 시스템은 당신의 건강에 미칠 장기적인 영향을 계산하고 당신이 메뉴판으로 손을 뻗는 것을 막죠. 이런 억제도 대개 이마 바로 뒤의 뇌 구역이 담당해요. 이런 정신적인 조종력을 몇 가지 명상 기법을 통해 훈련할 수 있습니다.

슈테판 클라인 그러면 자기 자신을 점점 더 잘 통제하게 되겠군요.

크리스토프 코흐 나는 그런 훈련의 대단한 효과에 감탄합니다. 대다수 사람들은 충동이 지시하는 바를 곧바로 생각하고 행해요. 배고픔을 느끼면, 먹어요. 걱정거리가 떠오르면, 걱정해요. 바람이 부는 대로 떠다니는 돛단배와 다를 바 없죠. 반면에 명상을 오래 한 사람은 이런 영향에 덜 휘둘릴 수 있어요. 고도로 숙련된 명상가는 심지어 통증 감각도 완벽하게 차단할 수 있습니다. 바람이 어디에서 불어오든 전혀 상관없이, 배는 제 항로를 유지하는 거예요. 그런 명상가는 한 가지 사안에 아주 오랫동안 머물 수 있죠. 하지만 안타깝게도 이런 감탄스러운 능력을 쉽게 얻을 길은 없어요. 오랜 세월에 걸친 훈련이 필수적이에요.

슈테판 클라인 사람들이 간절히 얻고 싶어 하는 것은 다 그렇죠, 뭐.

크리스토프 코흐 그건 그래요. 하지만 이건 정말 극한의 능력입니다. 그 능력을 터득한 사람들은 밝고 가볍게 설명해요. "매일 6시간씩 20년 동안 수련해야 해요. 그러면 당신도 할 수 있어요."

슈테판 클라인 박사님도 시도해봤나요?

크리스토프 코흐 예. 그러나 어느 순간 의문이 들더군요. 내가 내 인생에서 깨어있는 시간의 절반을 가부좌 틀고 앉아 무에 대해서 명상하며 보내기를 정말로 원하나? 나는 언젠가 죽을 테고, 그러면 완벽한 평정에 도달할 수 있지 않은가. 이러지 말고 여러 경험을 하는 편이 낫겠어. 그렇게 나는 다른 길을 가기로 결정했습니다.

슈테판 클라인 박사님은 데스밸리에서 마라톤을 하고 고난도 암벽등반도 한다고 들었습니다.

크리스토프 코흐 그 모든 활동이 여러 면에서 명상과 유사해요. 자기가 하는 일에 극도로 집중해야만 하거든요. 그런 활동을 하면 엄청나게 주의집중이 되죠. 그러면서 우리를 늘 따라다니는 내면의 비판자, 곧 나-의식이 사라집니다. 몇 시간 동안 산길을 달리다 보면, 시간을 잊는 경지에 다가서게 돼요. 중독성이 있는 경험이죠.

슈테판 클라인 무슨 얘긴지 잘 압니다. 나도 과거에 암벽등반을 했거든요. 어느 순간부터는 이리저리 머리를 굴리지 않게 되죠. 내 행동이 자동으로 이루어지는 것처럼 느껴지고요. 내가 기어오르는 것이 아니라 누군가가 나를 끌어올리는 것 같죠.

크리스토프 코흐 자아가 사라지기 때문이에요. 그러면 우리는 행복을 느낍니다. 심리학자들은 그런 상태를 몰입이라고 부르죠.

슈테판 클라인 그럴 때 의식은 단 하나의 경험으로 가득 차요. '내가 여기 있다'라는 아주 강렬한 경험으로요. 나는 존재하고, 나의 내면적 경험은 아주 단순해지죠.

크리스토프 코흐 물론 내 몸이 환경 속에 있다는 것은 느껴요. 그런데 외부 세계가 나를 향해 다가오죠. 암벽등반을 할 때의 느낌이 정확히 그렇잖아요. 나는 화강암에 팬 아주 작은 홈을 봅니다. 태양이 어디에 있고, 밧줄이 어디에 걸려 있고, 마지막 안전장치의 위치가 어디인지도 더할 나위 없이 명확하게 알고요.

슈테판 클라인 그렇지만 모든 것이 맞물려서 하나의 통일된 느낌이 되죠. 내 몸, 태양, 밧줄……. 내가 무엇을 지각하든지, 지각된 것들이 서로 연결돼요. 따로 떨어진 것들은 더 이상 없고, 세계가 하나의 전체가 된 것처럼 느껴지죠.

크리스토프 코흐 바로 그 맞물림의 과정이 의식을 발생시킵니다. 당신이 마치 컴퓨터 하드디스크처럼 정보들을 뿔뿔이 흩어진 채로 보유한다면, 의식은 불가능해요. 그런데 하드디스크와 달리 우리의 뇌는 어마어마한 데이터를 서로 연결하게 되어 있어요. 우리는 그런 통합을 통해서 비로소 의식적 경험을 할 수 있습니다.

슈테판 클라인 “감각들이 모이면, 영혼이 출현한다.” 아르헨티나 작가이며 보르헤스의 친구인 비오이 카사레스의 말입니다.

크리스토프 코흐 대단히 시적으로 말했군요! 오늘날 우리는 어떻게 정보들의 연결이 의식을 가능하게 하는지 기술하는 수학 공식까지 가지고 있죠.

슈테판 클라인 일반적으로 우리 서양인은 의식이 우리의 생각과 밀접한 관련이 있다고 믿습니다. 하지만 카사레스와 박사님의 이론이 옳다면, 우리는 심하게 착각하고 있는 셈이에요. 왜냐하면 생각이란 정보를 분석하는 일인데, 우리가 그 일을 덜 잘 해낼수록, 우리는 더 강한 의식을 가질 테니까요. 마치 암벽등반가처럼 말이에요.

크리스토프 코흐 명상하는 수도사도 마찬가지예요. 어쩌면 머지않아 의식을 측정할 수 있게 될 겁니다. 위스콘신 대학교에 줄리오 토노니라는 뛰어난 동료가 있는데, 그 사람이 최근에 의식측정장치를 개발했어요. 그 장치는 뇌에 자기적 충격을 가할 때 발생하는 전류를 분석해서 의식의 수준이 얼마나 높은 지 계산하죠.

슈테판 클라인 공상과학소설에나 나올 법한 얘기로 들리네요.

크리스토프 코흐 우주선 엔터프라이즈 호가 나오는 텔레비전 시리즈 〈스타트렉〉을 당신도 봤나요? 거기에 다양한 트리코더Tricorder가 등장하는데, 승무원이 낯선 외계인의 내면 상태를 스캔할 때 사용하는 트리코더도 나오죠. 하지만 토노니의 장치는 달라요. 그는 자신의 연구 결과를 저명한 학술지에 발표합니다.

슈테판 클라인 그분은 그 장치로 뭘 하려는 걸까요?

크리스토프 코흐 식물상태에 빠진 환자의 의식을 측정하겠다는 겁니다. 그런 환자는 사실상 외부 자극에 반응하지 못해요. 그렇지만 그런 환자도 여전히 감각이 멀쩡할 가능성이 있거든요. 감각을 느끼지만, 단지 의사 표현을 못할 뿐일 수도 있다는 거죠. 그래서 보호자와 의사가 환자를 어떻게 할지 판단을 못 내리는 경우가 많습니다.

슈테판 클라인 그런 장치로 동물의 의식도 측정할 수 있을까요?

크리스토프 코흐 그런 시도를 한 사람은 아직 없습니다. 하지만 동물들이 의식을 가졌다는 것은 측정 장치가 없어도 확인할 수 있어요. 내가 어릴 때부터 개들과 함께 살아서 자신 있게 말할 수 있는데, 개는 확실히 내면 상태를 가집니다. 행복, 슬픔, 호기심, 분노 등을 느껴요.

슈테판 클라인 더 나아가 박사님 자신이 그런 감정들을 의식한다는 것을 알기 때문에, 개도 그것들을 틀림없이 의식한다는 결론을 내리는 건가요?

크리스토프 코흐 바로 그렇습니다. 저쪽 공원에 있는 개 두 마리를 보세요. 이리 뛰고 저리 뛰면서 돌아다니죠. 당신은 저 개들이 행복하지 않다고 생각할 수 있나요? 개들은 늘 몰입 상태에 있는 것이 아닐까 하는 생각을 나는 가끔 해요. 개들은 우리보다 훨씬 더 많이 '지금 여기'에서 살죠. 나는 개들이 우리보다 더 행복한 것 같아요. 어쩌면 개의 의식 상태야말로 많은 사람들이 이야기하는 '더 높은 의식 상태'가 아닐까요?

슈테판 클라인 그러니까 저 개들이 깨달음에 이른 수행자와 동급이라는…….

크리스토프 코흐 누가 알겠습니까. 하지만 과학적인 논증도 몇 가지 있어요. 내가 쌀알만 한 뇌 조직을 당신에게 보여주면, 당신은 현미경으로 관찰하더라도 그것이 생쥐나 개의 뇌인지 아니면 사람의 뇌인지 거의 알아내지 못해요. 다만 생쥐는 머릿속에 그런 뇌를 100그램만큼 가졌고, 사람은 1,500그램만큼 가졌다는 것만이 큰 차이죠.

슈테판 클라인 코끼리의 뇌는 무게가 4킬로그램도 넘어요. 하지만 뉴런의 개수는 사람의 뇌보다 적지 않나요?

크리스토프 코흐 맞아요. 굳이 따지자면, 계산 능력은 인간이 더 우월합니다. 그 덕분에 우리는 더 큰 통찰에 이를 수 있고 우리 자신의 과거를 기억하고 자기의식을 가져요.

슈테판 클라인 자기의식을 가진다는 것은 내가 타인이 아니라 나라는 사실을 의식한다는 뜻이겠죠?

크리스토프 코흐 내가 키우는 개는 그 사실을 기껏해야 어렴풋이 짐작합니다. 그 녀석은 "오늘은 내 꼬리가 이상하게 흔들리는군. 뭔가 문제가 있는 것 같아"라는 생각을 못해요. 하지만 그렇다고 해서 그 녀석은 의식이 아예 없다고 판정한다면, 그건 불합리하죠. 모든 포유동물, 심지어 어쩌면 모든 다세포동물은 의식을 가집니다.

슈테판 클라인 지렁이도요?

크리스토프 코흐 찰스 다윈은 130년 전에 지렁이에 관한 책을 썼어요. 거기에서 그는 "우리가 이 피조물의 정신적인 삶을 인정하지 않는 근거는 무엇일까"라는 질문을 던졌어요. 그리고 그 근거를 발견하지 못했죠. 정신적인 능력들은 진화 과정에서 갑자기 튀어나온 것이 아니라 점진적으로 발생했어요. 그러니 지렁이와 인간 사이의 어디에서도 의식과 무의식을 가르는 경계선을 명확하게 발견할 수 없죠. 나는 의식이 자연에 널리 보급되어 있을 가능성이 아주 높다고 봅니다.

슈테판 클라인 박사님은 인간의 시지각視知覺과 의식을 25년 동안 연구했습니다. 그런데 지금은 새 직장인 시애틀의 연구소에서 생쥐의 뇌를 연구하죠. 연구 대상이 바뀐 이유가 무엇일까요?

크리스토프 코흐 인간의 뇌를 연구하면서 점점 더 좌절했기 때문이에요. 의식을 파헤치려면 결국엔 활동하는 뉴런을 탐구해야 합니다. 활동 중인 뉴런들이 의식의 원자들이니까요. 그런데 인간에서는 그런 탐구가 극히 드물게만 가능해요. 나는 시애틀에서 뇌 연구를 과거보다 훨씬 더 큰 규모로 할 기회를 얻었습니다. 우리의 연구는 자폐증과 정신분열병 같은 의식의 질병을 더 잘 이해하는 데도 기여하게 될 거예요. 우리는 곧 생물학자, 물리학자, 광학자, 정보과학자 수백 명을 신규 채용할 계획입니다.

슈테판 클라인 그 많은 과학자들이 떼로 모여서 뭘 하게 되나요?

크리스토프 코흐 우리는 마치 천체나 기상을 관측하듯이 생쥐의 뇌를 관측하는 시설을 꾸밀 계획입니다. 그러려면 우선 생쥐의 두개골 일부를 플렉시글라스(Plexglas, 합성수지로 만든 유리의 상품명 - 옮긴이)로 교체해야 해요. 그래도 생쥐는 불편을 느끼지 않죠. 우리는 생쥐가 무언가를 보거나 어떤 결정을 내리게 합니다. 그러면서 레이저로 플렉시글라스 너머의 뇌를 비춥니다. 그러면 어느 뉴런이 언제 활동하는지 아주 정확하게 알아낼 수 있어요.

슈테판 클라인 그럼 인간의 두개골 일부를 플렉시글라스로 교체하는 작업은 언제쯤 하게 되나요?

크리스토프 코흐 그건 불가능해요. 감염의 위험이 너무 클 거예요. 인간의 뇌를 그런 식으로 연구하려면 아직 개발되지 않은 다른 기술이 필요합니다. 하지만 인간의 대뇌를 낱낱이 보여주는 지도를 만드는 작업은 우리가 이미 진행 중입니다. 그 작업에서 우리는 해부실에서 가져온 뇌를 머리카락 굵기보다 훨씬 더 얇게 저미죠. 그런 다음에 뉴런들 사이의 모든 연결을 측정하고 그 연결 부위에서 작동하는 유전자들을 모조리 조사합니다. 생쥐의 뇌를 그렇게 낱낱이 보여주는 지도는 우리가 이미 작성했어요. 누구나 그 지도를 무료로 내려받을 수 있습니다. 그런데 생쥐냐, 사람이냐는 전혀 중요하지 않아요. 의식은 충분히 복잡한 시스템이라면 어디에서나 발생해요. 인간의 뇌에는 어떤 마법도 없습니다.

슈테판 클라인 그럼 컴퓨터가 의식을 가진다는 주장을 반박할 근거는 있나요?

크리스토프 코흐 원리적으로는 없습니다. 추측하건대 언젠가 우리는 우리처럼 생각하고 느끼는 컴퓨터를 제작할 수 있게 될 거예요. 그런 날이 오면, 우리의 뇌에 들어있는 모든 정보를 그 컴퓨터로 옮길 수도 있겠죠. 그러면 우리는 불멸하게 될 겁니다. 아쉽게도 나는 그때까지 살지 못하겠지만요.

Wir könnten unsterblich sein

『현산어보를 찾아서(전 5권)』

이태원 지음 | 무선 | 각 23,000원

제44회 한국백상출판문화상 수상 도서
한국과학문화재단 '우수과학인증도서'
YES24 '2003년 올해의 책' 후보 도서

1권: 200년 전의 박물학자 정약전(399쪽)
2권: 유배지에서 만난 생물들(415쪽)
3권: 사리 밤하늘에 꽃핀 과학정신(432쪽)
4권: 모래섬에서 꿈꾼 녹색 세상(488쪽)
5권: 거인이 잠든 곳(430쪽)

이제껏 『자산어보』로 알려진 손암 정약전의 『현산어보』는 1814년(순조 15) 간행된 우리나라 최초의 해양생물학 서적이지만, 안타깝게도 필사본만 전해오고 있다. 『현산어보』는 1801년 신유박해 때 전라도 흑산도로 유배된 정약전이 유배생활을 하던 중 흑산도 근해의 수산생물을 실지로 조사, 채집하여 기록한 것이다. 수산동 · 식물 2백여 종에 대한 명칭, 분포, 형태, 습성 및 이용 등에 관한 사실이 상세히 기록되어 있다.
현직 고등학교 생물교사인 저자는 대중의 기억에서 잊혀진 『현산어보』와 정약전의 실학정신을 찾아 7년여 동안 흑산도를 다녔다. 흑산도 현지인들과의 인터뷰를 통해 희미한 전설이 되어버린 정약전의 옛 이야기를 되살리고, 마치 정약전이 된 듯 직접 바다 생물들을 살피면서 『현산어보』가 담고 있는 내용의 자취를 찾아왔다.
이 시리즈는 『현산어보』라는 우리의 소중한 유산을 찾아 떠나는 여행기이자 『현산어보』의 내용을 실증하는 오늘날의 어보이며, 200년 전의 박물학자 정약전의 정신과 만나는 귀중한 경험임과 동시에 당대의 실학정신을 확인하는 귀한 저작이라 하겠다. 살아숨쉬는 듯 생생한 400여 컷의 세밀화와 800여 컷의 자료 사진이 함께 들어 있다.

우리는 모두 불멸할 수 있는 존재입니다

1판 1쇄 찍은날 2015년 5월 22일
1판 2쇄 펴낸날 2015년 7월 10일

지은이 슈테판 클라인
옮긴이 전대호
펴낸이 정종호
펴낸곳 (주)청어람미디어

책임편집 정미진
편집 김희정 윤정원 오현미
디자인 기민주
마케팅 김상기
제작 · 관리 정수진
인쇄 · 제본 서정바인텍

등록 1998년 12월 8일 제22-1469호
주소 121-914 서울시 마포구 상암동 DMC이안상암1단지 402호
이메일 chungaram@naver.com
카페 http://cafe.naver.com/chungarammedia
전화 02)3143-4006~8
팩스 02)3143-4003

ISBN 978-89-97162-95-6 03400

잘못된 책은 구입하신 서점에서 바꾸어드립니다. 값은 뒤표지에 있습니다.

이 도서의 국립중앙도서관 출판시도서목록(CIP)은 e-CIP 홈페이지(www.nl.go.kr/cip.php)에서
이용하실 수 있습니다.(CIP제어번호: CIP 2015013559)